COMPLETE DRAWING GUIDE

Detailed Description of Fashion Design Drawn by Marker

完全绘本 ■

马克笔时装设计 手绘表达详解

钟蔚 著

▶ 7 段现场教学视频
扫描书中二维码观看

长江出版传媒 | 湖北美术出版社

作者简介

钟蔚，武汉纺织大学服装学院教授，硕士生导师。

2005年获香港理工大学时装及纺织品设计专业硕士学位。主要从事服装创新思维理论与设计实践的研究与应用。目前已主持教育部人文社科项目、教育部中国大学精品视频公开课、国家级精品在线开放课程、国家级智慧树平台混合式学分慕课、部委级科研项目和省级教科研项目10余项；出版专著及部委级规划教材5部；独撰专业学术论文（作品）56余篇（幅）；服装设计作品获"汉帛奖"第十一届中国国际青年时装设计师作品大赛银奖，在虎门杯国际女装设计大赛等专业赛事7项获奖。获中国纺织工业协会教学成果一等奖、教学质量优秀教师、学生心目中的优秀教师、省优秀学士论文指导教师、区杰出青年等荣誉。

Preface
前言

　　绘制时装设计图是时装设计过程中一个重要环节，是从事时装设计者应具备的专业素质。

　　时装设计图作为一种表达设计理念的手段，它是运用绘画的原理和技术但又区别于纯粹的绘画形式，注入"设计"理念的一种表现形式。随着我国时装产业的发展，时装设计图的表现形式和途径也逐渐多样化。

　　马克笔作为一种快捷、方便的工具，已越来越受到设计师的喜爱。笔者几年来在时装设计教学和实践中，总结出一些简便易学的马克笔手绘时装设计图的方法。本书结合详细的绘图步骤和7段手绘视频，由浅入深地讲解，以满足不同读者的需要。

　　全书共分五个章节，首先介绍一些时装画的历史概况及分类；第二章从马克笔时装效果图中人体的基本比例和动态、人物面部形象的快速表现及马克笔配色方案等几方面讲解；第三章对手绘马克笔款式图进行讲解；第四章分步骤讲解和示范如何快速掌握马克笔时装设计图绘制具体方法；第五章对马克笔时装画风格以及优秀作品进行评析。

　　由于作者水平有限，本书不足之处望各位读者、同行和专家批评指正，以期再版时修订。本书在撰写出版过程中得到湖北美术出版社编辑团队的热心帮助和支持，得到武汉纺织大学领导和同事的关心，在此表示由衷的感谢！

Contents

目录

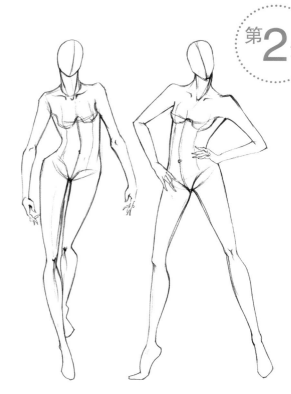

独一无二的
个人风格

快捷直观的
设计表达

马克笔
时装设计
手绘表达
详解

严谨规范的
款式绘制

言简意赅的
步骤展现

行之有效的
训练方法

第1章 时装效果图概述

学习目的

1. 了解时装画的分类；
2. 简略了解时装画发展的历史概况；
3. 了解时装效果图绘制工具，熟悉时装画的绘制特点。

学习提示

在学习实践中，逐渐建立和完善时装效果图的知识框架。

时装画是随着时装业的兴起、发展而形成的一种绘画形式，又是一门独特的视觉艺术形式。时装画是一门艺术，更是时装设计的专业基础之一，是衔接时装设计师与工艺师、消费者的桥梁。

时装画表现的主体是时装，脱离这一点，便难以称之为时装画。它具有双重性质：艺术性和工艺技术性。首先，作为以绘画形式出现的时装画，它脱离不了艺术的形式语言。时装本身便是艺术的完美体现，而以绘画形式、材料及创作方法来表现的时装画，则因其为时装设计的基础和前期工作而在艺术性上有着特殊要求。虽然近年出现的电脑时装画脱离了传统的绘画工具材料，但从创作心理过程以及电脑最终所表现的视觉效果来看，它仍然属于绘画的形式范畴，只是其运作过程和表现的方式有所不同。其次，时装画的工艺技术性，是指作为时装设计专业基础的时装画不能摆脱以人为基础并受时装制作工艺制约的特性，即在表现过程中，需要考虑时装完成后，穿着于人模之上的审美效果，且需要满足工艺制作的基本条件。

1.1 时装画里的时装效果图

现代时装画随着时装设计文化的发展有了更专业的分类。根据不同的表现目的可分为两类：即为实用生产服务的时装效果图和以艺术性表现为主的时装画。

时装画以绘画为基本手段，是运用丰富的艺术表现方法来表现服装设计的造型和整体氛围的一种艺术绘画形式。

它和时装效果图相比，更具绘画性和艺术性，不强调设计本身，而追求视觉审美效果；不需要像效果图那样考虑工艺和制作，也不需要考虑市场性。

为时装生产服务的称之为时装效果图，它一般包括设计草图、彩色效果图和时装款式图。总的来说时装画的最终目的是体现时装设计的意图及构想，展示时装款式设计、色彩配置及时装材料的平面效果，为立体成衣与生产提供形象依据。时装效果图是整个时装设计、生产、销售服务等一系列过程的一部分，也可为时装设计的传播与欣赏提供可视信息。

1.2 时装画的演变

从世界范围来看，真正意义上的时装画到19世纪前后才出现，20世纪初逐步发展起来。虽然美术史上遗存下来的洞穴画、墓室画、壁画、镶嵌画、雕塑及其他绘画等为我们展现出了人类各个历史时期的着装风貌与状况，但这些美术作品并不是时装画，因为它们不是以表现时装和时装设计为主要目的而创作的。

19世纪前后源于欧洲的"时装版画"(Fashion plate)被认为应是时装画的起始雏形，限于当时的印刷制作条件，采用铜版镂饰法绘制的这种时装铜版画把时装的细部和面料质感刻画得非常细腻和精致。在照相技术出现之前，时装铜版画是非常珍贵的时装流行信息资料。后来摄影以其真实性几乎取代了刻版印刷的时装画，在20世纪初为许多时装杂志广泛运用（图1-2-1、图1-2-2）。

多元化风格是时装画发展到现阶段最显著的特点。时装画在我国起步较晚，始于改革开放初，其时时装设计教育开始兴起。时

图1-2-1

图1-2-2

图1-2-3

图1-2-4　表现时装流行风貌的速写效果图

图1-2-5　彩色铅笔结合马克笔品牌成衣开发设计

图1-2-6　马克笔时装定制效果图

图1-2-7　电脑绘制的时装插图

图1-2-8　手绘马克笔结合彩色铅笔时装画

图1-2-9　展现线条之美的经典时装画

图1-2-10　具有卡通风格的时装插图

图1-2-11　国外水彩结合电脑时装画

图1-2-12　具有插画风格的水彩时装画

装画几乎与我国当代时装业的发展同步，其间，也不断学习国外的时装画风格（图1-2-3~图1-2-14）。

现在随着电脑普及，时装画可以借助更有优势的计算机软件来表现，比如通过时装CAD、Adobe Illustrator、Painter等图形图像软件来实现设计师的想法。时装画的演进，是时装设计与文化发展的缩影。

如图1-2-15，设计方案中运用Adobe Illustrator软件绘制，整体风格清新自然，线条流畅简洁，色调温馨雅致，与主题《白釉瓷》达到形式和内容的统一，是产品设计方案中的成功作品。

图1-2-16服装效果图是来自日本文化学园大学服装设计专业本科毕业生的作品。作品运用水彩手绘结合电脑后期合成，打破常规的构图和人物设计，突显服饰设计与主题意境的相融。

图1-2-13　手绘装饰风格

图1-2-15

图1-2-14　手绘插画风格

图1-2-16

1.3　时装效果图在成衣设计中的作用

所有艺术设计类效果图的作用都是一样的，就是让作品有一个直观的视觉呈现。作为时装效果图，其作用就是体现出时装的样式、材质、穿着的效果，这些信息需要在图纸上尽量准确细致地表达出来。一般来说，时装设计图的内容包括时装效果图、平面结构图以及相关的文字说明三个方面。

1.3.1　时装效果图

时装效果图一般采用写实的方法准确表现人体着装效果。一般采用8头身的体形比例，以取得优美的形态感。设计的新意要在图中进行

图1-3-1

图1-3-2

强调以吸引人的注目，细节部分要仔细刻画。时装效果图的模特采用的姿态以最利于体现设计构思和穿着效果的动态角度为标准。要注意掌握好人体的重心，把握整体平衡。不同的画具能够表现不同的效果和风格，马克笔作为最快捷的表现工具，具有特殊的表现力，能够用最简洁的线条和色彩来表现丰富的质感和面料效果。时装效果图整体上要求人物造型动态优美、轮廓清晰、用笔简练、色彩明快、绘画技巧娴熟，能快速展现设计意图，给人以艺术的感染力（图1-3-1～图1-3-4）。

图1-3-3

图1-3-4

时装效果图通常采用以线为主的表现形式，或采用线面结合，施以淡彩绘制。有时，对时装的特征部位、背部、面辅料、结构部位等，需要有特别图示予以说明，或加以文字解释、样料辅助说明。这种设计图，极为重视时装的结构，需要将时装的省缝、结构缝、明线、面料、辅料等交代清楚，仔细描绘。对于人物的描绘，有时可简略，只留下重点表现的时装部分（图1-3-5）。

1.3.2 平面结构图

一幅完美的时装画除了给人以美的享受外，主要还是用于裁剪和缝制成衣。时装画的特殊性在于表达款式造型设计的同时，要明确提示整体及各个关键部位的结构线、装饰线裁剪与工艺制作要点。平面结构图即画出时装的平面形态，包括各部位详细比例，时装内结构设计或特别的装饰，一些服饰品的设计也可通过平面图加以刻画。平面结构图应准确工整，各部位比例形态要符合时装的尺寸规格，一般以单色线勾勒，线条流畅整洁，以利于时装结构的表达。平面图还应包括时装所选面料（图1-3-6～图1-3-9）。

图1-3-5
运用马克笔丰富的色彩来表现民族元素服饰是很快捷的途径，此图特意留下铅笔起稿时的线条，并用针管笔勾线，注意线条虚实，营造时装的整体感和浓重的视觉效果。

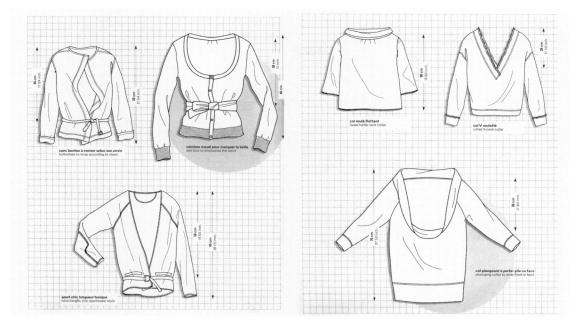

图1-3-6

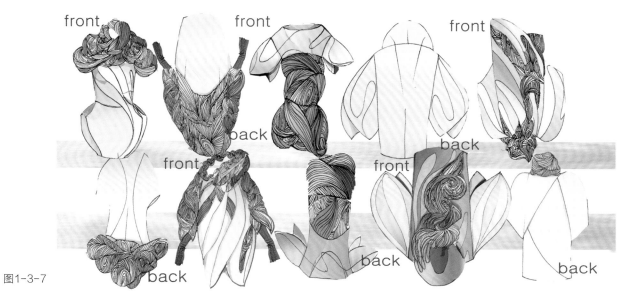

图1-3-7

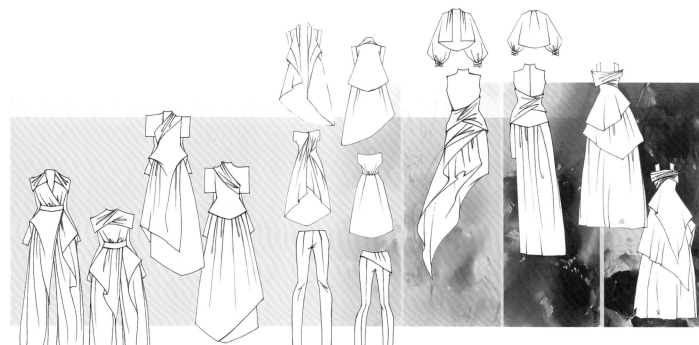

图1-3-8

正背面款式图：

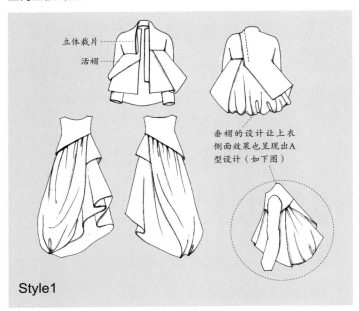

立体裁片
活褶

垂褶的设计让上衣
侧面效果也呈现出A
型设计（如下图）

Style1

立体褶袖
活褶
连体阔腿裤

Style2

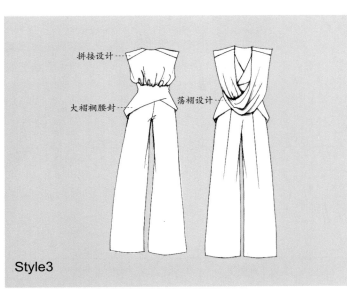

拼接设计
大褶裥腰封
荡褶设计

Style3

在时装效果图和平面结构图完成后还应附上必要的文字说明，例如设计意图、主题、工艺制作要点、面辅料及配件的选用要求，以及装饰方面的具体问题等，要使文字与图画相结合，全面而准确地表出设计构思的效果。

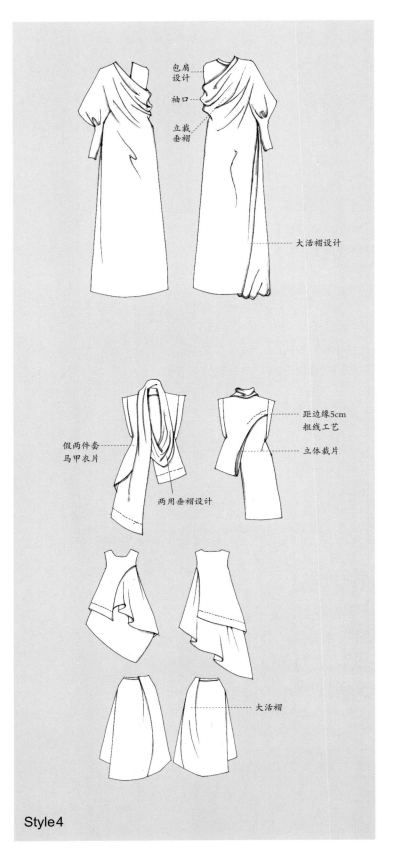

包肩设计
袖口
立裁垂褶
大活褶设计

假两件套马甲衣片
两用垂褶设计

距边缘5cm粗线工艺
立体裁片

大活褶

Style4

图1-3-9
在时装效果图和平面结构图完成后还应附上必要的文字说明，例如设计意图、主题、工艺制作要点、面辅料及配件的选用要求，以及装饰方面的具体问题等，要使文字与图画相结合，全面而准确地表出设计构思的效果。

1.4　马克笔的分类

了解马克笔的分类和基本特性，练习马克笔笔触，熟悉配色技巧等，对初学者快速掌握马克笔技法有很大的帮助。

马克笔作为一种绘图工具，一直受到设计人员的喜爱，尽管现在流行电脑绘图软件制作效果图，马克笔仍然在手绘效果图方面具有较强的生命力。它的方便性、快速性、艺术性优于其他绘图工具，尤其是它明显的笔触效果，极具艺术表现力。

马克笔设计表现方法从20世纪80年代初期传到我国，从最初的草图式单一画法发展到与多种媒材技法相结合，如马克笔结合彩色铅笔、马克笔结合水彩技法、马克笔结合电脑综合表现等，逐渐成为一种极具兼容性的手绘表现方法。其色彩品种十分丰富，各种明度、纯度、色相的颜色都有，基本上不用再去调色，而且颜色干燥速度极快，附着力极强，可以在各种纸面或其他材料表面予以绘制表现。另外，马克笔笔头可画线画面，而且笔体小、携带方便，正是这些优秀的性能，使其备受设计师们的喜爱。

近年来，市面上出售的马克笔以韩国和美国生产的为主。韩国的TOUCH大小两头，水量饱满，颜色未干时叠加，颜色会自然融合衔接，有水彩的效果。除了颜色，马克笔笔头的形状、平涂的形状、面积大小，都可以展现不同的表现方法，它是展示笔触和个人绘画风格的得力工具。为了自由地表现点线面，最好收集不同种类的马克笔。两端都有笔头的马克笔相当好用，便于画出变化丰富的效果。

1.4.1　根据马克笔的笔芯形状来分类

a. 圆头型

运用圆头马克笔两端不同粗细的笔头，若笔头倾斜的角度不同，所绘制的笔触也不同，绘制服饰图案和人物面部造型非常灵活和生动。圆头马克笔+0.3号针管笔勾线（图1-4-1）。

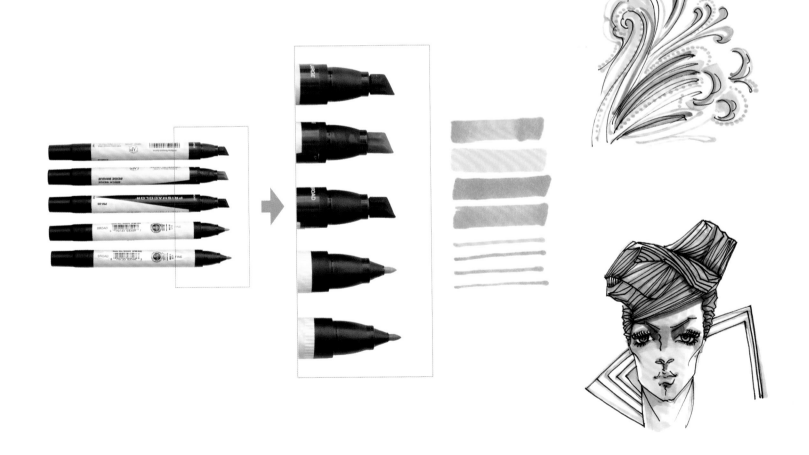

图1-4-1

b.平口型

平头型马克笔最突出的特性就是笔触有力度，表现几何纹样和复杂的图案很方便。运用平头马克笔另一端的小圆头笔头，可以绘制细节和局部，适用于粗线条，主要用于平涂和渲染。平口型马克笔+0.1号针管笔勾线（图1-4-2）。

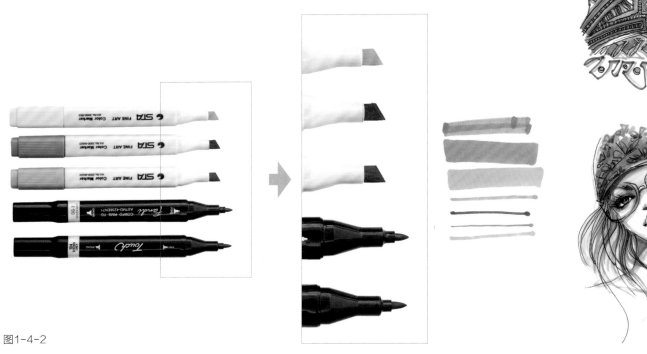

图1-4-2

c.刀口型

刀口型马克笔笔头口径比较小，适合绘制设计比较复杂的图案和纹样，利用笔头不同握笔方向，可以表现出丰富的笔触效果。使用时笔芯应与纸面呈30°~45°的角才能书写，主要用于涂色和书写。刀口型马克笔+1.0号针管笔勾线（图1-4-3）。

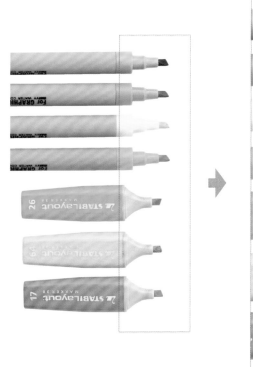

图1-4-3

1.4.2　按马克笔的溶剂性质分类

1．水性型：水性马克笔干燥较慢。颜色亮丽有透明感。适用于制造渐层或渲染效果。如果用沾水的笔在画面涂抹的话，效果跟水彩一样。颜色受光易蒸发变淡，无味，保持时间短。

2．油性型：油性马克笔快干、耐水，而且耐光性好。不易弄脏纸面。有刺激性气味。

3．酒精型：含酒精成分，易挥发，无毒。落纸后快干，颜色、笔触清晰明快。（图1-4-4）

水性型

油性型

酒精型

图1-4-4

1.5　如何选择马克笔的颜色

马克笔具有透明感，重复上色也不会混合，初学者可按照色系选择五十色左右。以时装设计为例，在选择颜色的时候，首先要选好肤色系，至少应该有6~8支表现不同深浅肤色的色彩，深浅差别小的两支为一组；其次是时装色彩的选择，大约选30支左右，可以选择赤橙黄绿青蓝紫这几个基础色的各种明度和纯度的颜色，作为时装的基础色；另外需要选择各种灰色，一般需要12支左右，包括冷灰色和暖灰色组，冷灰色含有蓝紫调的感觉，暖灰色含有黄褐色的成分，灰色系列主要用于时装的阴影和暗部处理，也用来表现面料的纹样和肌理，用途非常广。

1.6　其他用笔

1．勾线笔：针管笔、水性笔以及美工笔均可以作为勾线笔用，一次性针管笔十分方便（图1-6-1）。

纤维笔、勾线笔、草图笔常用来为最后的效果图勾线。常用的有日本进口黑樱花一次性针笔（0.05mm～0.5mm）、台湾产雄狮签字笔、草图笔（0.5mm）、德国红环Rotring一次性针管笔（0.05mm～0.3mm）。还有一些签字笔、速写笔都可以根据画面效果用于勾线。

勾线笔中最细的型号是0.05mm，一般用于眉眼、蕾丝等细节勾线，效果比较轻柔、生动。

型号为0.1mm的勾线笔比较适合勾画头发、时装款式等。

型号为0.2mm、0.3mm的勾线笔比较适合勾画时装的布纹和褶皱。

2．毛笔：中白云、大白云常用于晕染；叶筋、花之俏、小红圭、尼龙笔等可用于勾画细节。

3．彩色铅笔等：结合马克笔技法，可制造丰富的色彩、肌理效果。

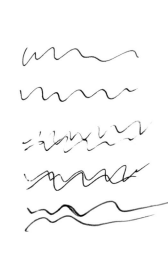

图1-6-1

1.7 如何选择马克笔的纸张

马克笔既可以表现线和面，又不需要调制颜色，且颜色易于干燥。而各种不同质地的纸，吸收马克笔颜色的速度各异，所产生的效果亦不相同，吸收速度快的纸张，绘出的色块易带有条纹状，反之则相反。购买马克笔时，一定要知道马克笔的属性和画出来的效果才行。马克笔由于使用方便、易于携带，越来越受到设计师的喜爱，在设计用品店就可以买到，而且只要打开盖子就可以画，不限纸张，各种素材都可以上色（图1-7-1）。

图1-7-1

第2章 马克笔时装设计手绘效果图的基础知识

学习目的

树立整体设计的观念，提高整体造型和快速表达的能力。

学习提示

从整体到局部再到整体的学习过程，简单易学，好掌握。

2.1　掌握人体的基本比例和动态

学习画时装画，需要一定的绘画及人物造型基础。初学者可以先掌握工艺平面图的技巧，然后逐步学习一定的绘画基础知识，如人物造型基础及一定的色彩表现基础等。除掌握一定的绘画技巧和时装画的技法之外，学习时装画还必须掌握一些时装方面的知识，如时装设计和时装工艺知识等。已经掌握了一定的绘画、时装设计等基础知识的读者，可以参考此书，对时装画的表现技法、时装画的艺术风格及电脑时装画进行深入的研究和探讨。

2.1.1　人体的正常比例和理想比例

要想画好时装画，对人体比例的把握十分重要，人体比例是画好时装画的基础，时装画的最终目的就是通过优美的人体展示出时装的韵味。平常人高的标准是：以一个头为单位，7个头长或者7.5个头长，即7头身或7.5头身都是正常的，符合大众的审美。然而，在时装画作品中，为了更加突出时装款式，人们往往会夸张人体，采用理想比例。那么，什么是理想比例呢？

时装画中的人体有别于写实的人体，它在写实人体分析基础上经过了夸张、提炼和升华。"8头半身"或更长一些的人体，一般简称为时装理想人体，理想的人体往往是以肚脐为界分割下半部与上半部的比例，呈8:5的关系。而我们在画时装人体时一般采用9到10个头长的人体，这是相对比较写实风格的，更多地被商业时装设计采用；有的更加夸张，就倾向于装饰风格了，多用于时装广告画和时装插图。颜面五官部位的分布比例规律则是：从发际到下颏之间的距离应等于3个耳朵或鼻子的高度，即从发际至眉毛和从下颏至鼻子之间的距离相等，且与耳的上下高度持平（图2-1-1、图2-1-2）。

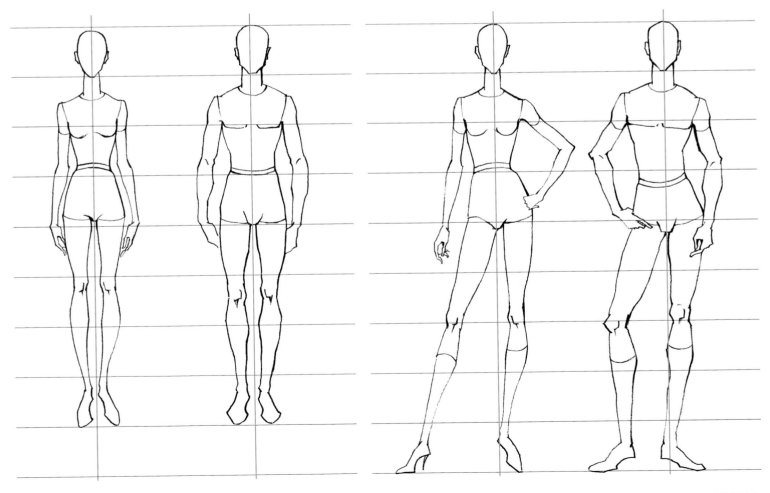

图2-1-1 理想的人体　　　　　　　　　　　　　　图2-1-2 时装画人体

2.1.2 人体的动态选择

为了更好地体现出时装的风格，体现出着装的整体气质和完美效果，在起稿时选择正确的动态对时装着装效果的表现起着决定性的作用。一般可以从以下两个方面考虑。

1. 根据时装的整体风格选择：职业装、制服给人的感觉是严谨、端庄，因此在选择动态时可以选择站立的、手脚动作幅度不大的动态；礼服、婚纱等时装给人的感觉是女性化的、妩媚的，因此在选择动态时应选择那些身体有扭动、突出曲线美的动态；运动装、童装、家居装具有舒适、易于活动的特点，适合动作幅度大、夸张的动态。

行走的动态是最常用的，基本上所有的时装款式都可以用这个动态来表现，通常表现一个系列的服饰时没有必要变换太多的动态，可以选择这款行走的动态，只在手臂的摆动和人物面部的朝向上稍微变化即可（图2-1-3）。

2. 根据每款时装的设计重点选择：如突出此款时装的设计意图，选择侧身、背面、正面时要以想要表现的时装重点为依据。如果设计重点在背部，就一定要选择背面的动态；如果设计重点在右腰部，就一定要选择右腰部的正面，只有选对了动态，才能将设计师的设计意图通过模特的姿态展示出来。

这款动态的特点是身体的扭动比较大，动态比较夸张，因此给人的感觉是很有动感的，比较适合性感、前卫风格的服饰（图2-1-4）。

图2-1-3

图2-1-4

　　两人的组合在绘制效果图时比较常用，由两个优雅的动态互相衬托来表现一个主题　　的成衣设计会很生动和形象（图2-1-5 ~ 图2-1-7）。

图2-1-6

图2-1-5

同样是两人的组合动态，但这种动态的组合给人以充满个性、动感的感受，因

此用它来表现休闲装、创意服饰比较恰当（图2-1-8～图2-1-10）。

图2-1-7

图2-1-8

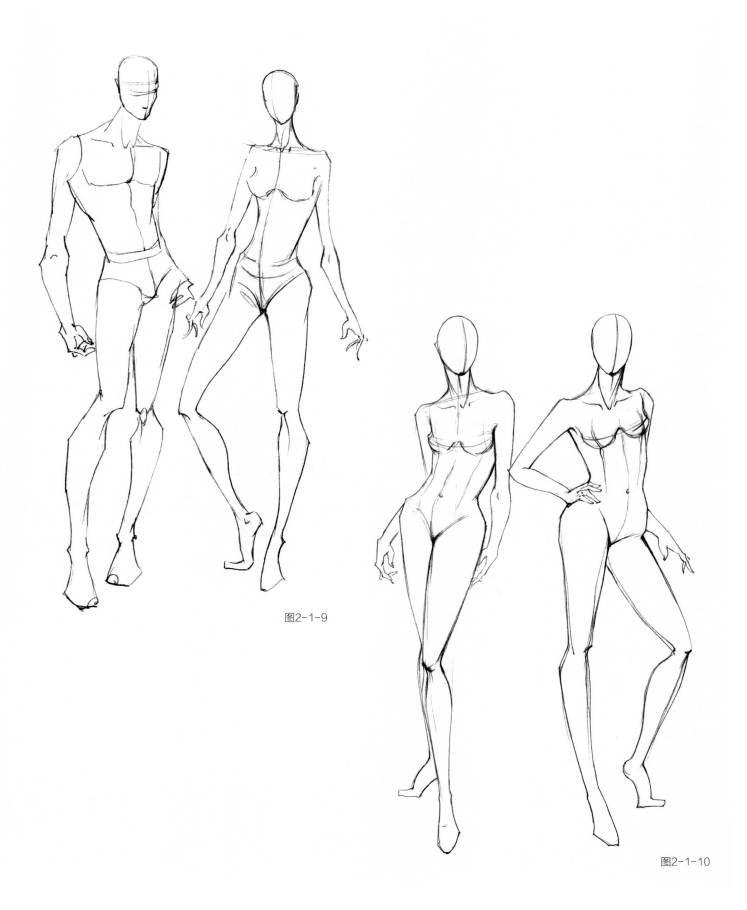

图2-1-9

图2-1-10

　　三人组合中要注意每人动态之间的间距，可以采用两个间隔较近，也可以对其中一个人物动态有所遮挡，另一个人物间隔比较远，这样画面就有了节奏感和均衡感（图2-1-11）。

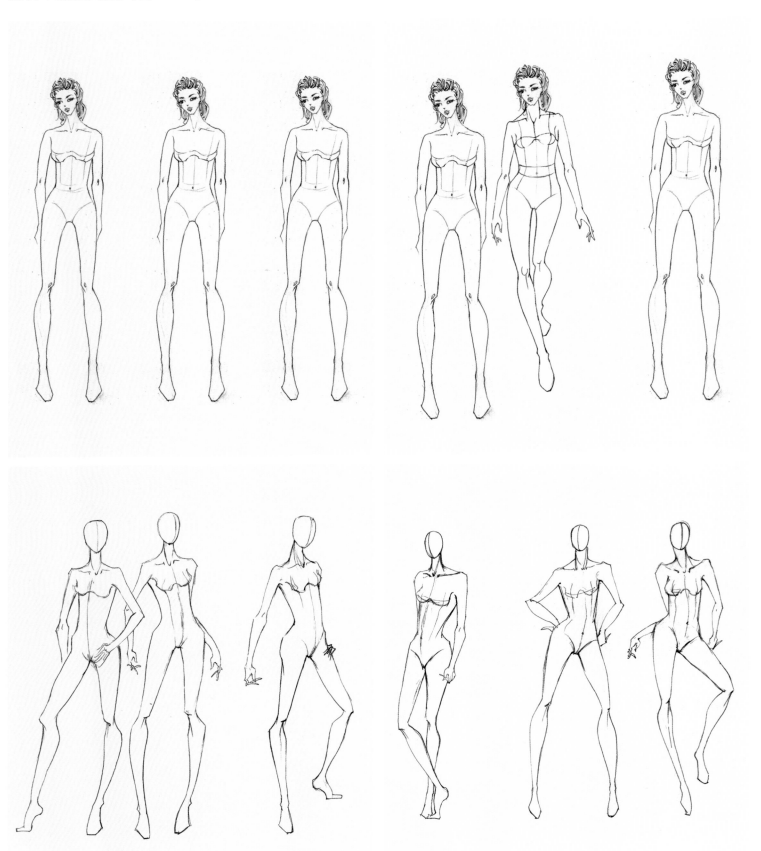

图2-1-11

四人动态的组合在系列时装设计中
常见，要注意每个人手臂的位置和摆动的
角度，整个画面既要有整体感又要有变化
（图2-1-12、图2-1-13）。

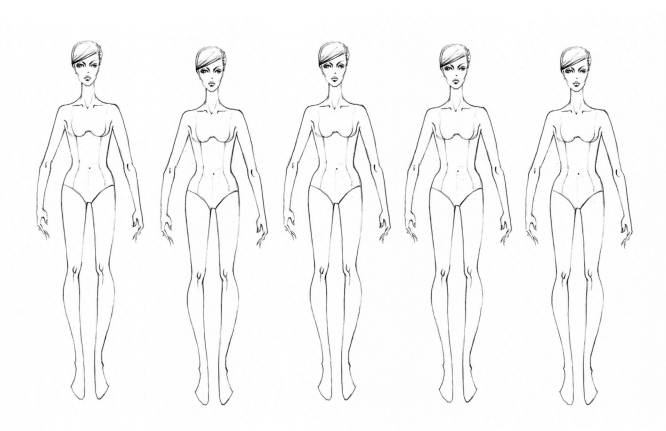

图2-1-12

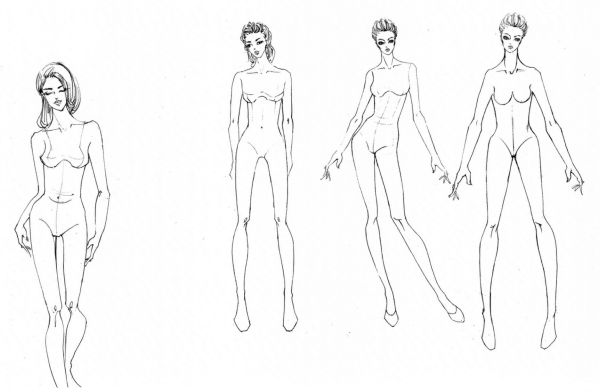

图2-1-13

生活休闲服饰给人的感觉应该是舒适，有亲和力的。因此在表现这类服饰的时候可以选择最为舒服、常见的动态来展示时装效果（图2-1-14）。

创意服饰给人的感觉是出乎意料的、令人遐想的，因此在表现这类服饰的时候可以选择一些最能表现时装特点的动态和人物整体的造型（图2-1-15）。

图2-1-15

图2-1-14

职业服饰给人的感觉是规范的、利落的，因此在表现这类服饰的时候可以选择一些比较端正、优雅的动态来展示时装的整体效果（图2-1-16）。

在绘制效果图之前，先分析此款服饰造型的特点是什么，设计点在哪里。为了表达后背的层次和叠加设计，选择背面的人物动态是最佳的，同时要注意绘制人物肢体扭动时的透视，也要注意发饰（图2-1-17）。

图2-1-16　　　　　　　　　　　　　　　　　图2-1-17

　　根据此款小礼服的设计特点，选择半身躯体
的动态是最佳途径，结合人物面部魅惑情态，把
时装的风格表现得非常突出（图2-1-18）。

图2-1-18

2.2　人物面部形象的快速表现

2.2.1　各种风貌的女性形象气质表现　（图2-2-1～图2-2-5）

微信扫码即视

高贵、典雅风格的女性形象

　　蓬松卷发、夸张发饰、蕾丝装饰展现女性高贵典雅风格。

街头摇滚风格的女性形象

　　靓丽色彩的发带搭配摩登的墨镜、张扬的爆炸发型，结合模特动感表情，塑造街头摇滚风格的女性形象。

清新、优雅风格的女性形象

　　干净利落的刘海儿和发髻、雅致的灰色雪纺纱衬托出清新、优雅的女性形象。

异域贵族风格的女性形象

　　精致、华丽的发饰和项饰，明艳、夸张的妆容设计，营造出高贵的异域女性形象。

图2-2-1

东方甜美风格的女性形象
斜编发、侧蕾丝镶钻发饰、中式旗袍领、甜美五官、温馨神态，营造东方甜美风格的女性形象。

自然、随意风格的女性形象
隆起的微微有些凌乱的发型、自然色系的麻质发带和花朵，默然的表情，带出自然随意的都市女性形象。

中性、帅气风格的女性形象
帅气的八角帽、棱角立体的五官和脸型、独立的眼神，带出中性帅气的女性形象气质。

浪漫田园风格的女性形象
纱质礼服帽、柔顺飘逸的长发、温柔慵懒的眼神，塑造浪漫田园风格的女性形象。

图2-2-2

朋克个性风格的女性形象
　　高高耸起的额前卷
发、倾斜的动态、冷傲的
眼神，塑造都市朋克风格
的女性形象。

休闲、活力风格的女性形象
　　工装帽结合布艺花饰、
自然色系棉麻时装、类似色
项饰，营造休闲、活力风格
的女性形象。

纯洁、浪漫风格的女性形象
　　不对称发髻、白色羽毛设
计成刘海儿造型，结合蕾丝花
朵、白色珍珠，营造出纯洁、
浪漫风格的女性形象。

帅气、优雅风格的女性形象
　　鸭舌帽、雪纺裙、浪漫
卷发、妩媚笑容多重元素结
合在一起，形成帅气、优雅
的混合风格。

图2-2-3

典雅、高贵风格的女性形象

　　高低不对称的包发设计、精致发饰点缀、大V领礼服，带出典雅高贵风格的女性形象。

妩媚、成熟风格的女性形象

　　高贵卷发、魅惑眼神、诱人神态，勾勒出妩媚、成熟风格的女性形象。

端庄、优雅风格的女性形象

　　干净发型、夸张典雅的花型纱质发饰、褶皱材质晚装、知性眼神，塑造端庄优雅风格的女性形象。

魅惑个性风格的女性形象

　　蓬松、张扬的金色长发、夸张的眼部妆容、层叠的立体褶皱花饰、默然神秘的眼神，营造出魅惑个性风格的女性形象。

图2-2-4

都市名媛风格的女性形象
　　简约、优雅的发型搭
配低调、可爱的蝴蝶结发
饰，结合精致五官，塑造
都市名媛的女性形象。

甜美、秀丽风格的女性形象
　　夸张可爱的卷发造型、
飘逸的粉灰色服饰、温柔眼
神，营造甜美、秀丽风格的
女性形象。

自然少女风格的女性形象
　　随意披散的中分发
型、纯净眼神，营造自然
少女风格的女性形象。

古典、迷人风格的女性形象
　　干净的高发髻、纯净甜
美的五官、浪漫的蝴蝶结、
恬静的神情，带出古典迷人
风格的女性形象气质。

图2-2-5

2.2.2　各种风貌的男性形象气质表现 （图2-2-6、图2-2-7）

摩登、帅气的男性形象

　　超短碎发、经典条纹衬衣、坚定眼神展现都市摩登形象。

神秘、成熟的男性形象

　　牛仔帽、彩条围巾、皮夹克、夸张墨镜，棕色系色调，营造神秘气质。

阳光、健康的男性形象

　　连帽衫、利落短发、硬朗俊秀的面庞，凸显阳光、帅气的健康形象。

时尚、成熟的男性形象

　　微卷飘逸的侧分中发、精致的墨镜、醒目的彩条衬衣，显现都市时尚男性成熟魅力。

干练、知性的男性形象

　　自然飘散的长发、墨镜、立领夹克衫、利落的脸部线条，营造知性干练的形象。

图2-2-6

单纯、自然的男性形象
　　清新的短发、怀旧风格的彩条毛衫、纯净的眼神，展现自然、年轻的男性风格。

高贵、冷峻的男性形象
　　深刻的五官、冷峻的气质、简约的时装、繁琐的项饰，打造高贵、冷峻的男性魅力。

忧郁、迷人的男性形象
　　随意的发型、忧郁的眼神、舒适的面料，打造忧郁迷人的男性气质。

粗犷、大气的男性形象
　　货车帽、随意发绺、叠穿背心、硬朗的肩部线条，营造粗犷、大气的都市男性风格。

优雅、古典的男性形象
　　侧分光洁的发型带出宫廷气质，深开口针织衫营造男士优雅风格。

儒雅、稳健的男性形象
　　柔软长发、绅士着装、浪漫色彩，展示儒雅、稳健的男性气质。

图2-2-7

2.2.3　各种风貌的儿童形象气质表现　（图2-2-8、图2-2-9）

帅气、天真的儿童形象

　　帅气渔夫帽、自然微乱的直发、微润的腮红，显现天真、帅气的儿童形象。

率真、可爱的儿童形象

　　顽皮的发髻、小碎花背心和发饰、顽皮表情，展现率真可爱的儿童形象。

摩登、阳光的儿童形象

　　靓丽发带、不对称发型、夸张的眼部造型，展示摩登、阳光的小女生形象。

摩登、阳光的男童形象

　　精致时髦的发型、乖巧五官和神情，营造摩登小子形象。

顽皮、娇憨的儿童形象

　　中性彩条棒球帽、随意飘散的卷发，营造顽皮、娇憨的儿童形象。

图2-2-8

另类、个性的女童形象

　　不对称五官造型设计、雕塑般的发型表现，营造另类、个性的女童形象。

个性运动的男童形象

　　经典连帽衫、立体五官刻画、自然活力色彩，展现个性运动的男童形象。

至真至纯的儿童形象

　　甜美的笑容、精致的五官、温馨的色彩，营造至真至纯的儿童形象。

落落大方的儿童形象

　　垂直浓密的长发束、自信的眼神，展现落落大方的儿童形象。

街头运动的儿童形象

　　醒目发带、有型发缕、成熟面孔、运动背心都是街头运动男孩的标准形象。

乖巧、温柔的儿童形象

　　可爱造型的手帕帽、随意俏皮的发辫、明媚的色彩，展现乖巧、温柔的小女生形象。

图2-2-9

2.3 掌握马克笔线条表现的能力

马克笔平涂时须以流畅、利落的线条并排，线条尽量不重叠，因马克笔的色彩经重叠后，明度会降低，彩度亦偏混浊。但只要线条重叠得当，反而能表现出物象的立体明暗，使之成为马克笔的一大特点。

另外，马克笔运笔时的轻重缓急所展现的笔触效果也有所不同。表现轻薄光滑的材质，运笔要轻快飘逸；表现厚重粗糙的材质，运笔要顿挫干涩。

常用马克笔笔触表现效果如下（图2-3-1、图2-3-2）：

单色横向排线

单色纵向排线

单色交叉排线

多色渐变排线

先蘸水后排线

双色交叉排线

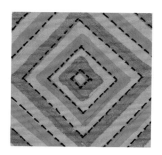

铺底套色叠加排线

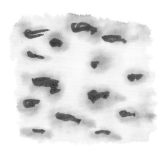

清水铺底后水性马克笔溶解

水性马克笔沾水铺底后加点缀

马克笔透叠铺底后，加彩色铅笔勾勒

水性马克笔铺底后，酒精马克笔添加线条

油性马克笔铺底后，加彩色铅笔刻画细节

图2-3-1

●表现印花工艺
1. 用排笔蘸少量的水平铺；
2. 待水将干未干时用粉紫色、亮粉色马克笔绘制花卉纹样；
3. 用湖蓝色马克笔快速点缀纹样，营造水彩画印花效果；
4. 用细头彩笔或彩铅添加纹样细节线条，增加其对比度。

●表现褶皱工艺
1. 用浅灰绿色横向平铺底色；
2. 用深绿色马克笔不规则绘制褶皱纹样的主要走向；
3. 用浅咖色马克笔的侧峰绘制褶皱的暗部，调整细节；
4. 用墨绿色马克笔侧笔头绘制褶皱明暗转折处。

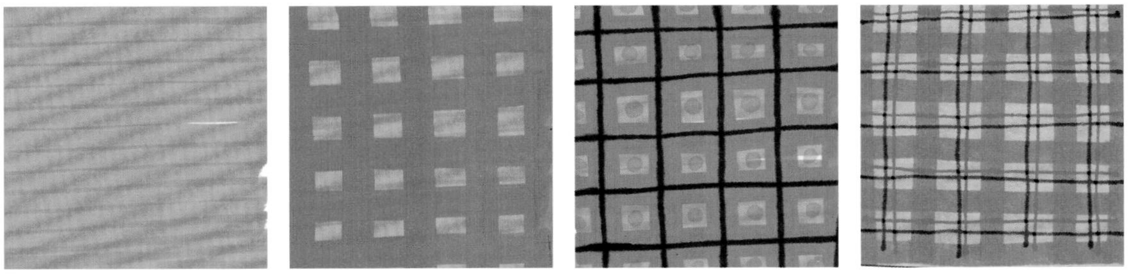

●表现格子面料
1. 用桃粉色马克笔横向笔触铺出底色；
2. 用紫罗兰色马克笔纵向绘制格纹，注意间距；
3. 用群青色马克笔小笔头绘制细线，表现细节。

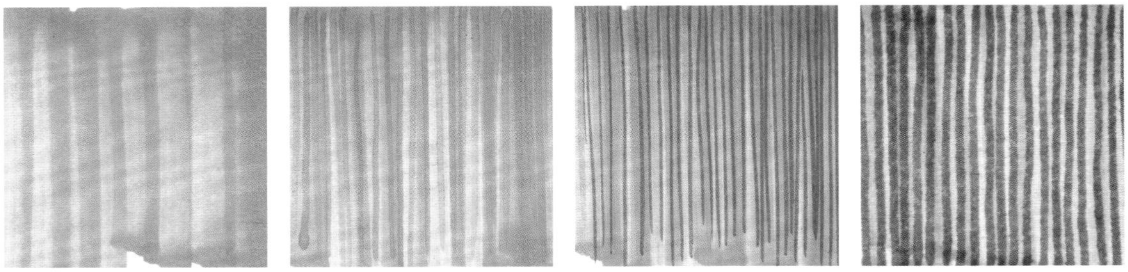

●表现灯芯绒面料
1. 用卡其色马克笔纵向铺出底色；
2. 用卡其色马克笔的另一端小笔头绘制细条纹；
3. 用灰绿色马克笔在卡其色细纹的右侧绘制，表现面料立体纹理；
4. 用橄榄绿色马克笔细头绘制灯芯绒右侧暗部纹理。

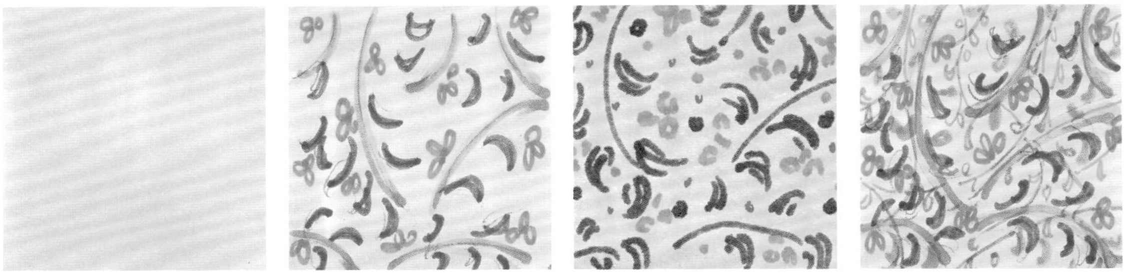

●表现小碎花面料
1. 用肉粉色马克笔均匀铺出底色；
2. 分别用浅棕色、灰绿色和鲑肉红色绘制面料中的纹样；
3. 用芥末黄色马克笔绘制纹样中的细节，调整纹样疏密关系；
4. 用深绿色马克笔细头增加绿色线条暗部。

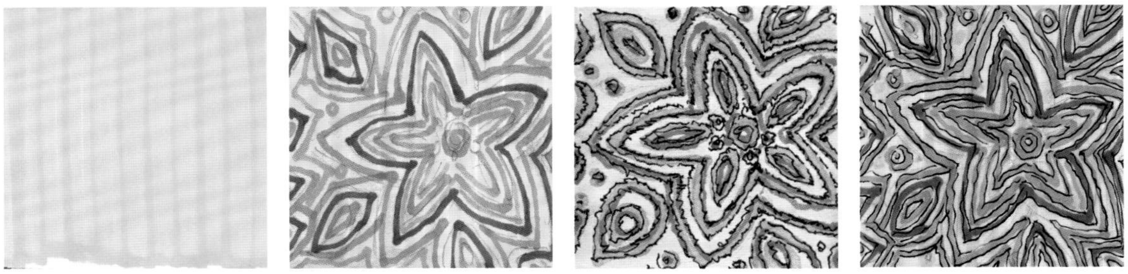

●表现蕾丝质感
1. 用姜黄色马克笔纵向铺出底色；
2. 用浅棕色、深棕色、土黄色等类色绘制蕾丝纹样；
3. 用0.05mm针管笔勾画细节，丰富面料肌理；
4. 用暗橘色马克笔细头描绘出蕾丝面料镂空位置。

图2-3-2

2.4 掌握马克笔上色及搭配技巧

时装的色彩可根据配色的规律来搭配，以达到整体色彩的和谐美：

1. 全身色彩要有明确的基调。主要色彩应占较大的面积，相同的色彩可在不同部位出现。

2. 全身时装色彩要深浅搭配，并要有介于两者之间的中间色。

3. 全身大面积的色彩一般不宜超过两种。如穿花连衣裙或花裙子时，背包与鞋的色彩，最好是裙子花型和图案中的一种，如果增加异色，会有凌乱的感觉。

4. 时装上的点缀色应当鲜明、醒目、少而精，起到画龙点睛的作用，一般用于各种胸花、发饰、丝巾、徽章；点缀色也可以放在鞋靴、包袋等部位。

5. 万能搭配色：黑、白、金、银与任何色彩都能搭配。配白色，增加明快感；配黑色，平添稳重感；配金色，具有华丽感；配银色，则产生和谐感。另外，在时装色彩存在强对比时可以用这些颜色加以分割，使其产生色彩对比的视觉缓冲，从而达到整体的协调。

时装设计及搭配要遵循以下几点原则：

1. 色彩美。时装的色彩在着装效果中居首位，无论是单色或花色，应既符合流行趋势，又要体现个性特征。

2. 款式美。应根据自己的气质、外貌等条件选择合适的款式，善于利用视错觉弥补或改变体型上的某些弱点。

3. 结构美。各个部位、线条、色调应组成有节奏感的统一体，从而产生虚实相间、繁而不杂、生动华丽的效果。

4. 材质美。薄而柔软的衣料适宜点缀奔放自由的形象；较厚重的质地以规则、严谨的纹样为宜。

5. 图案美。花型与着装者的形象应保持和谐统一。如童装应能体现儿童天真、活泼的天性；时装则应赋予着装者时尚感；老年时装以高雅、稳重为宜。

6. 搭配美。既要颜色协调，无论是同类色、近似色还是对比色和补色都应有主次、轻重；还要款式协调，如时装与人、内衣与外衣、上装与下装、时装和饰品、服饰和妆容等的合理配套。

7. 装饰美。领带、胸花、腰带、首饰等既要掌握少而精的原则，又要同本人的气质、身份以及时装的色彩、风格等相得益彰。

要学习马克笔手绘时装效果图表现的本质，不为表面现象所困惑。一幅看起来似乎简单的快速徒手画，为什么有的人寥寥数笔，顿时神情俱备，而自己动手画起来却总是不如意，原因何在？

一个简单的时装款式、一个简单的人体动态，在效果图上往往只有几根线条，但是每个笔触之间却包含着诸多的意义：结构、体量比例、质感、材料、透视、光影，等等，相互关系有时候是极其复杂的。

马克笔时装画追求表现的快捷、高效，其用笔设色都讲究明快、简洁和概略，因此在线条、形态和色彩上都进行了高度的抽象和提炼。初学者往往看不到这一点，他们容易接受一些表面上的东西，简单地模仿线条和色彩。这就是为什么初学者可以很逼真地临摹一幅复杂的作品，但临摹之后不会独立创作。因此要真正做到理解，而不能简单地模仿；掌握正确的方法，融汇贯通；要能保持耐心和信心，持之以恒。

马克笔上色至关重要，一个基本的原则就是由浅入深，一开始浓墨重彩，修改起来将变得困难，在作画过程中要时刻把整体放在第一位，不要对局部过度着迷。忽略整体，后果将惨不忍睹，"过犹不及"应该牢记。

马克笔色彩根据色相、明度和纯度可以有以下几种色彩搭配：

1. 同类色搭配：其本来面貌都是相同的，只不过由于渐次加入黑、白、灰，形成了

以蓝色为基调的同类色搭配

以玫红色为基调的同类色搭配

以橙色为基调的同类色搭配

以黄色为基调的同类色搭配

以暖灰色为基调的同类色搭配

以冷灰色为基调的同类色搭配

图2-4-1

深浅不同的色彩，用一句话说就是指深浅、明暗不同的同一类颜色相配，比如黄色就有浅黄、黄、中黄、深黄等，红色有粉红、红、大红、深红等，浅蓝配湖蓝，墨绿配浅绿，咖啡配米色，深红配浅红等，这些色彩都属于同类色。同类色配合的时装显得端庄而文雅，适合表现成衣和制服（图2-4-1）。

同类色搭配效果图如下（图2-4-2）。

时装色彩搭配除了指时装的上下、里外色彩之外，还包括服饰配件（帽子、包、项链、手链等）的色彩。时装色彩美感的营造，无论是对比强烈，还是柔和素雅，都力求在色彩的组合上来实现。

2. 近似色搭配: 指两个比较接近的颜色

相配。相似的色彩被称为近似色，比如红色分别掺入适量的黄色和橘色，就形成橘黄色和橘红色，这两种色彩就是近似色，它们分别含有红色这个"基因"。其他如黄与绿、青与绿、青与紫都是近似色。近似色与同类色字面上看似相像，其实完全不同。

同类色搭配色标

图2-4-2
　此效果图以柠檬黄为主色，以浅咖色、芥末黄、深棕色等黄色基调的同类色为辅助色，结合人物小麦色肤色、浅棕色发色等同类色的运用，使整个画面充满健康、阳光的气息。
　使用工具：油性马克笔、水彩纸、针管笔、水彩颜料、电脑辅助。

　　近似色的搭配效果是很柔和的，它没有强烈的对比，所以极易搭配并很协调。近似色的配合效果统一而柔和，适合表现职业装和礼服。

　　近似色搭配效果图如下（图2-4-3）。

近似色色标

图2-4-3
　　此效果图运用了有冷色倾向的湖蓝色、青莲色、淡蓝色、玫瑰红、紫罗兰等近似色彩，配以浅灰色、中灰色等彩色，整个效果图色彩较多但色调统一，呈现蓝灰色调，结合人物冷艳造型更好地烘托了服饰整体的效果。
　　使用工具：油性马克笔、复印纸、针管笔、电脑辅助。

3．对比色搭配：指两个相隔较远的颜色相配，如：黄色与蓝色，红色与黄绿色，这种配色比较强烈，适合表现色彩浓郁的民族风格的服饰。

对比色是利用两种颜色的强烈反差而取得美感，是时装配色中较为常用的技巧。对比色搭配时还须注意：上下装、内外装的色彩应有纯度与明度的区别；两种颜色不能平分面积，应有大小之分、主次之别。

对比色搭配效果图如下（图2-4-4）。

对比色色标

图2-4-4

　　此效果图人物造型和时装风格充满了神秘气息，夸张的面部妆容和发型，具有古典元素的时装纹样，结合现代混搭风格，营造出一种后现代风格。因此在配色上可以大胆尝试运用玫瑰红和芥末黄、湖蓝色和草绿色、青莲色和柠檬黄色等6种对比色，画面视觉效果强烈，但由于注意了各个色彩之间的比例关系，因此不会显得杂乱。

　　使用工具：水性马克笔、素描纸、针管笔、彩色铅笔、电脑辅助。

　　4．补色搭配：指色环中两个相对的颜色的配合，如红与绿，蓝与橙，黑与白、黄与紫等，补色相配能形成鲜明的对比，适合表现活泼动感的服饰。但要注意两个补色运用的面积及明度和纯度，如果纯度和明度过高会产生花哨和媚俗之感；如果一对补色面积均等，会产生并置的不和谐感，因此补色搭配关键是要把握好色彩之间的主次关系。

　　补色搭配效果图如下（图2-4-5）。

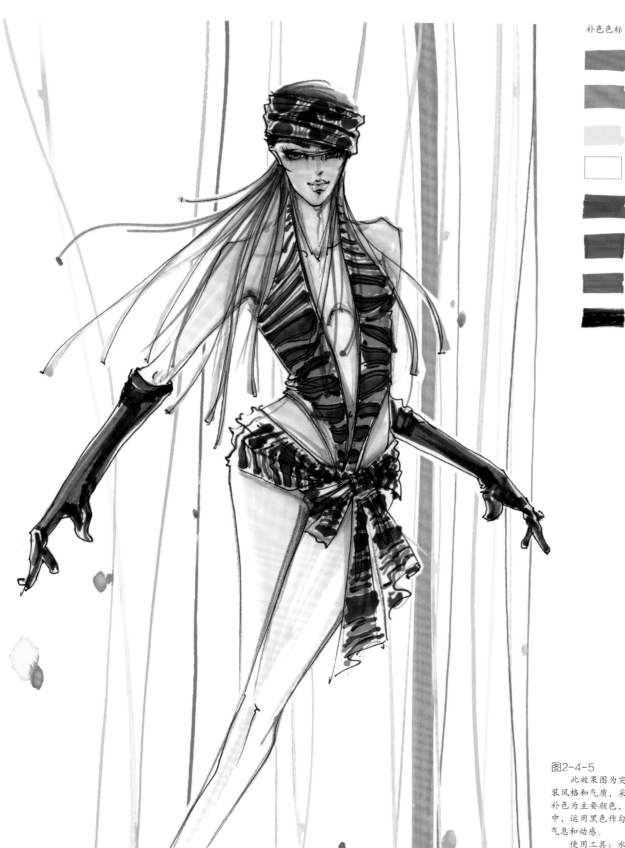

补色色标

图2-4-5

　　此效果图为突出人物野性、前卫的着装风格和气质，采用大红色和草绿色这对补色为主要颜色，红绿穿插于面料图案之中，运用黑色作勾勒，整个画面充满时尚气息和动感。

　　使用工具：水性马克笔、素描纸、针管笔、水彩颜料、电脑辅助。

第3章 手绘时装款式图

学习目的

掌握正确的时装款式图画法和表现效果，能够快速传达设计意图并为制版提供依据。

学习提示

学习时装款式图的正确画法及注意事项，学会严谨、美观地反映设计细节。

时装款式图指着重以平面图形特征表现的、含有细节说明的设计图。时装款式图是时装设计过程中的重要环节。

3.1 时装款式图的作用

时装款式图的作用主要体现在以下几个方面。

1. 时装款式图在企业生产中作为样图，起着规范指导的作用。实际上，时装企业生产批量时装，其生产流程很复杂，时装工序也很繁杂，每一道工序的生产人员都必须根据所提供的样品及样图的要求操作，不能有丝毫改变(单元公差允许在规定范围内)，否则就要返工。

2. 时装款式图是时装设计师意念构思的表达。每个设计者设计时装时，首先都会根据实际需要在大脑里构思时装款式的特点，想法可能很丰富，但最重要的是将想法化为现实。时装款式图就是设计师最好的表达方式。

3. 时装款式图能够快速地记录印象。由于手绘款式图绘画比效果图绘画简单，能够快速地把款式图的特点表现出来，因此时装企业设计师更多地是画平面款式图。另外在看时装表演或者进行市场调查时，需要快速记录时装特点，一般都是画时装款式图（图3-1-1）。

图3-1-1

3.2 时装款式图的分类及方法

3.2.1 徒手绘制款式图

很多学生喜欢用徒手绘制款式图的方法来表现款式，这种方法线条比较随意、有活力、流畅，但不够严谨，可以作为设计草稿，是表达服装设计师设计意图的第一步，也是设计师用来和别人沟通的依据。可以说，手绘款式图是电脑绘图的基础，要想用电脑绘制好款式图，首先要具备手绘款式图的能力（图3-2-1、图3-2-2）。

图3-2-1

图3-2-2

3.2.2 人台透底法

人台透底法根据标准时装人台的数据，按比例缩放后绘制在纸上，用针管笔勾线，使其清晰严谨。绘制款式图的时候，将这张"人模"纸垫在底下作为辅助，由于有严谨规范的比例和外轮廓，这样绘制出来的款式图不会出现比例失衡和反复擦抹的现象，可以为电脑软件绘制款式图提供规范的设计稿（图3-2-3、图3-2-4）。

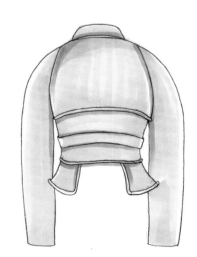

图3-2-3

图3-2-4

3.2.3 手绘结合电脑法

这种图要求绘画严谨、规范、清晰，一般用来指导生产，在企业中运用较多，称为"生产款式图"。现在很多企业借助

CorelDRAW软件绘制的款式图，与这种图有点类似，其效果很好，效率也非常高（图3-2-5、图3-2-6）。

图3-2-5

图3-2-6

3.3 时装款式图的绘制要求

　　时装款式图的绘制方法往往会被初学时装设计的学生和时装专业人员所忽略，学生往往难以区分款式图与其他时装画的区别，我们经常会在一些学生的作品上看到，他们效果图画得很精美，但时装款式图的表达却与效果图不太相符，结构表现不清楚。在此，对绘制时装款式图提出以下要求。

　　1. 时装款式图要符合人体结构比例，例如肩宽、衣长、袖长之间的比例等（图3-3-1、图3-3-2）。

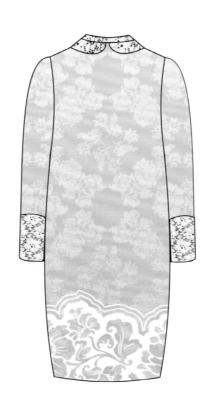

图3-3-1

图3-3-2

2. 由于人体是对称的，凡需要对称的地方一定要左右对称(除不对称的设计以外)，如领子、袖子、口袋、省缝等部位。

3. 款式图线条表现要清晰、圆滑、流畅，虚实线条要分明，因为款式图中的虚实线条代表不同的工艺要求。例如，款式图中的虚线一般表示缝迹线，有时也是装饰明线；实线一般表示裁片分割线或外形轮廓线。在制版和缝制时，虚线和实线有着完全不同的意义（图3-3-3、图3-3-4）。

连帽拼色风衣

黑色金丝绒

拉链

口袋

10cm边，压明线

可掀起

6cm宽

1.5cm明线

图3-3-3

韩版中袖风衣

衣长：82cm

褶裥领型

收褶5分袖

花苞型下摆

腰部打断

褶量8cm

图3-3-4

4. 要有一定的文字说明，如特殊工艺的
制作、型号的标注、装饰明线的距离、唛头
及线号的选用等（图3-3-5、图3-3-6）。

小立领印花夹克

全长：50cm
肩宽：38cm
胸围：88cm
腰围：74cm
袖长：57cm

金属丝嵌条
2.5cm门襟
黑金丝绒
1.5cm蕾丝花边
0.5cm明线
1.5cm
4cm

图3-3-5

宽松A型短外套

衣长：55cm
袖长：40cm

收褶
插肩袖，下摆较宽
1cm明线
线钉
双明线2cm
8cm褶量

图3-3-6

3.4　时装款式图的表现形式

时装款式图的常见表现形式有平面展开款式图、人体缩略式款式图、模拟人体动态式款式图。

左侧栏：

裁剪是时装制作的重要一环，裁剪质量与后道工序和产品质量紧密相关，作业指导书上一般手绘正背面款式图，尺子标画、文字说明具体的工艺要求和细节，确保裁剪和制作环节的严谨性和规范性。

3.4.1　平面展开款式图表现法

平面展开款式图是指导时装生产的一种表现手法，表达清晰明了时装的正背面、外轮廓线造型、内结构线与分割线等细节表达得很清楚，有时会画出侧面造型或局部细节放大图（图3-4-1~图3-4-4）。

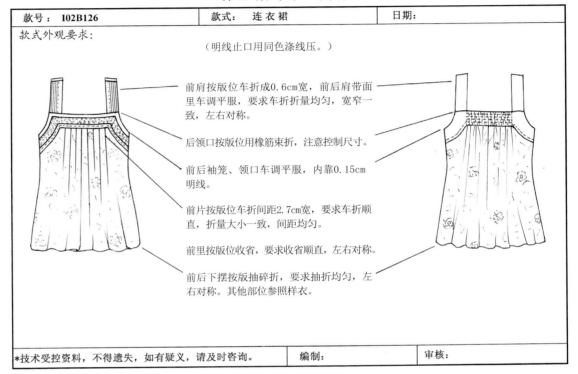

ISBL·作业指导书（外观工艺缝制要求）

款号：I02B126	款式：连衣裙	日期：

款式外观要求：

（明线止口用同色涤线压。）

前肩按版位车折成0.6cm宽，前后肩带面里车调平服，要求车折折量均匀，宽窄一致，左右对称。

后领口按版位用橡筋束折，注意控制尺寸。

前后袖笼、领口车调平服，内靠0.15cm明线。

前片按版位车折间距2.7cm宽，要求车折顺直，折量大小一致，间距均匀。

前里按版位收省，要求收省顺直，左右对称。

前后下摆按版抽碎折，要求抽折均匀，左右对称。其他部位参照样衣。

*技术受控资料，不得遗失，如有疑义，请及时咨询。　编制：　审核：

图3-4-1

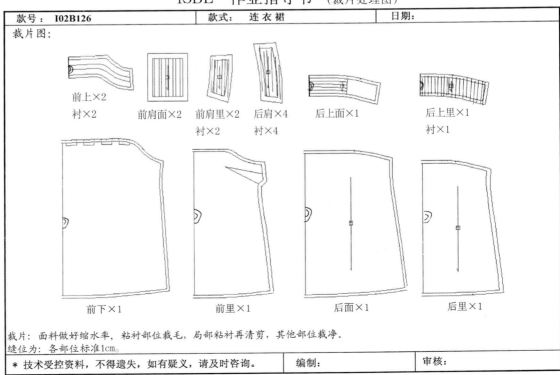

ISBL·作业指导书（裁片处理图）

款号：I02B126	款式：连衣裙	日期：

裁片图：

前上×2　衬×2　　前肩面×2　　前肩里×2 衬×2　　后肩×4 衬×4　　后上面×1　　后上里×1 衬×1

前下×1　　前里×1　　后面×1　　后里×1

裁片：面料做好缩水率，粘衬部位裁毛，局部粘衬再清剪，其他部位裁净。
缝位为：各部位标准1cm。

*技术受控资料，不得遗失，如有疑义，请及时咨询。　编制：　审核：

图3-4-2

ISBL · 作业指导书 (外观工艺缝制要求)

款号： I02L130	款式： 连衣裙	日期：

款式外观要求：

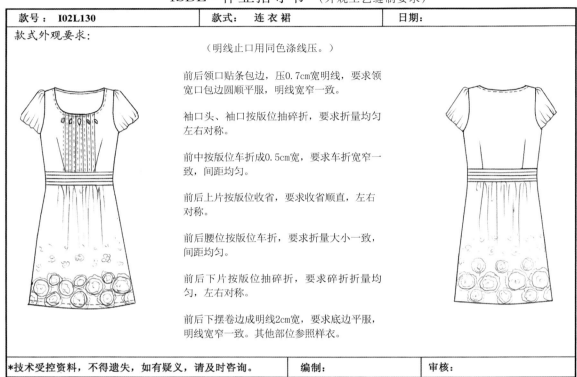

（明线止口用同色涤线压。）

前后领口贴条包边，压0.7cm宽明线，要求领
口宽包边圆顺平服，明线宽窄一致。

袖口头、袖口按版位抽碎折，要求折量均匀
左右对称。

前中按版位车折成0.5cm宽，要求车折宽窄一
致，间距均匀。

前后上片按版位收省，要求收省顺直，左右
对称。

前后腰位按版位车折，要求折量大小一致，
间距均匀。

前后下片按版位抽碎折，要求碎折折量均
匀，左右对称。

前后下摆卷边成明线2cm宽，要求底边平服，
明线宽窄一致。其他部位参照样衣。

*技术受控资料，不得遗失，如有疑义，请及时咨询。	编制：	审核：

图3-4-3

ISBL · 作业指导书 (裁片处理图)

款号： I02L130	款式： 连衣裙	日期：

裁片图：

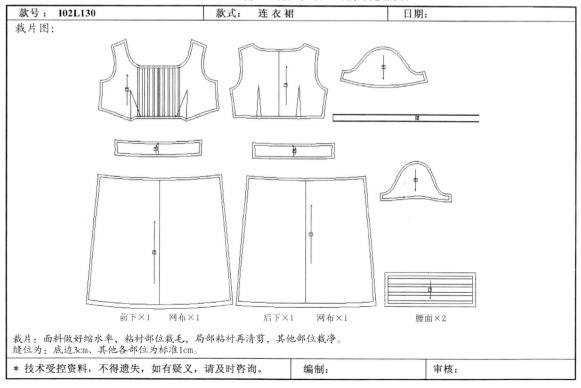

前下×1　　网布×1　　　　后下×1　　网布×1　　　　腰面×2

裁片：面料做好缩水率，粘衬部位裁毛，局部粘衬再清剪，其他部位裁净。
缝位为：底边3cm，其他各部位为标准1cm。

* 技术受控资料，不得遗失，如有疑义，请及时咨询。	编制：	审核：

图3-4-4

3.4.2　人体缩略式款式图表现法

人体缩略式款式图是在缩略人体上绘制款式图。缩略人体是用人台与人体躯干为基础，根据不同性别与年龄的比例特征绘制而成。它不仅能将单件时装款式表现得具体细致，而且能够将整体衣着的效果较为直观地呈现出来。

绘制人体缩略式款式图之前必须先画缩略人体。缩略人体接近真实的人体，有利于更真实地展示时装款式。同时，也可以根据时装款式，将人体上半身与下半身分开来，使之成为两个单独的模板（图3-4-5、图3-4-6）。

工艺说明：
上衣为无领西装款式，下摆为圆角设计，后中破缝，腰省下面有工字褶；整体为稍长修身款式。
衬衣为系带式，收胸省、腰省，修身款式。
裤子为合身直筒裤，做右后插袋。

图3-4-5

工艺说明：
上衣为旗袍领和斜门襟设计，创新绸缎面料拼接处理前右片；收胸、腰省，并在腰部做压褶腰封设计，后片收省；做九分翻袖口。为修身短款上装。
下身为左开叉长A型裙。

图3-4-6

3.4.3 模拟人体动态式款式图表现法

在款式图表现中，平面展开款式图与人体缩略式款式图注重时装款式的平面表现，而模拟人体动态式款式图在表现时除了刻画细节特点外，还模拟人体的动态姿势，把时装因人的动态而产生的衣纹及明暗关系等加以表现。模拟人体动态式款式图可以借助人体的姿态，将时装的穿着动态及时装的衣着搭配与风格特征表现出来（图3-4-7、图3-4-8）。

图3-4-7

图3-4-8

时装款式图应该在掌握制版以及工艺课程的基础知识的前提下，在了解省道线、分割线、装饰线、各种缝制手法的基础上，学会区分不同款式的形态并通过线条粗细表现面辅料质感，如西服和衬衫这些比较有庄重感的服装，要注意线条的平整顺直，柔软轻薄的雪纺、真丝和带荷叶边装饰的服装，要注意线条的流畅感和圆润感；再借助马克笔等工具表现明暗关系，以显示其立体感（图3-4-9~图3-4-14）。

图3-4-9

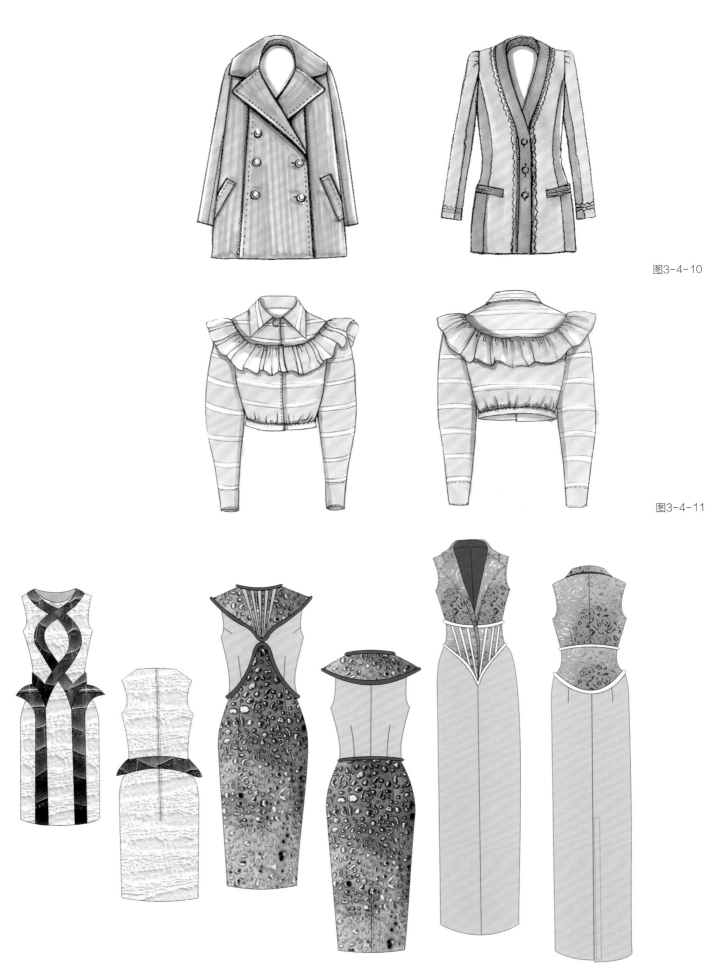

图3-4-10

图3-4-11

图3-4-12

图3-4-13

图3-4-14

第4章 马克笔时装效果图表现步骤分解

学习目的

分步骤详解马克笔时装效果图，逐步练习、熟练掌握各种时装效果图的绘画方法。

学习提示

注意对不同人物、不同服饰造型、不同面料肌理的表现，并将主要步骤呈现出来。

4.1　舞台服设计效果图表现步骤分解

舞台服装不同于一般生活服装，它的主要目的是为了表演的舞台视觉效果，因此它具有独创性、欣赏性和创意性。同时，它与生活服装又有共同点，生活服装是舞台服装的来源和依据。舞台服装的基本功能就是协助表演，更鲜明地演绎作品，用服装色彩、面料、图案、廓形等视觉元素来烘托舞美效果，为表演增色。

因此，可以说舞台服装设计是内在和外在的完美统一，艺术和设计的完美统一，生活和舞台的完美统一。在此基础上，表演者再用舞蹈、演唱等形式来充分表现其舞台表演内容。

需要注意的是，为了强化人物的形象及其美感，表演服装的造型需要在了解人物的身份、年龄、民族和所处地区、季节的特点以及所表演的作品的特点上来构思。总体来说，舞台服装设计要遵循"适合、创意"的原则。

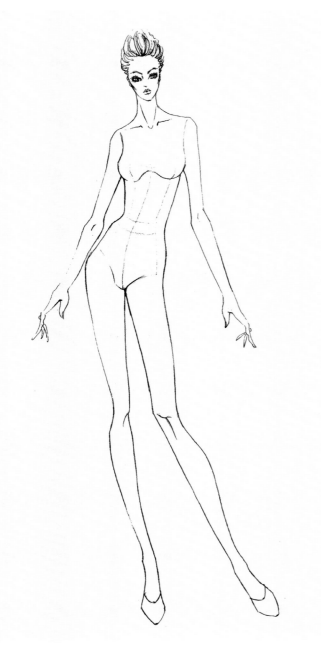

01　选择一个正面站立的优雅的动态来表现舞台创意礼服的姿态，用铅笔绘制线稿。

02　在人体上绘制服装的款式，注意线条的流畅及款式的整体和细节关系。

设定光源为左边，用浅肤色铺出基础肤色，留出光感。

同样绘制脖子和身体裸露出来的肤色位置。

03 先用浅肤色马克笔宽头绘制人物肤色，注意受光部、暗部反光处要留白，再用深肤色描绘。

04 用深浅杏色绘制头发色，注意受光处和头发纹理走向处留白。

绘制有层次或者有褶皱的结构时，
注意从暗部画起。

用亮粉色马克笔宽头绘制礼服基础色，因为礼服面料多
为纱质和绸缎，有一定光泽，注意留出受光和反光。

眼影用灰蓝色马克笔铺底，
腮红用彩铅晕染。

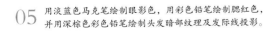

05 用淡蓝色马克笔绘制眼影色，用彩色铅笔绘制腮红色，
并用深棕色彩色铅笔绘制头发暗部纹理及发际线投影。

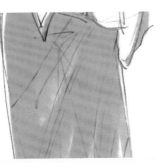

06

绘制裙摆基础色时，注意面料光感的表现。

注意上身对比色的层次，用彩铅增加肌理感。

用灰色马克笔绘制暗部来增加细节的对比度。

用彩色铅笔的笔触来增加前胸立体造型效果。

07 选取黄绿类似色三色绘制礼服的对比色部分，和亮粉色在明度、纯度上保持一致。

08 用蓝绿色马克笔细头绘制立体裁剪部分的对比色暗部，并用彩色铅笔画出斑驳的效果。

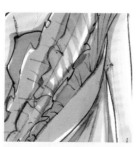

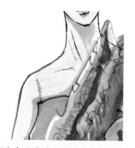

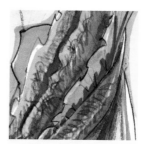

绘制裙摆基础色时，注意面料光感的表现。

注意上身对比色的层次，用彩铅增加肌理感。

用灰色马克笔绘制暗部来增加细节的对比度。

用彩色铅笔的笔触来增加前胸立体造型效果。

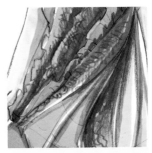

用粉灰色马克笔宽头绘制裙子
上的暗部和结构。

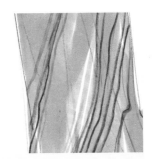

用玫红、草绿、群青色彩铅绘
制裙摆上的暗纹。

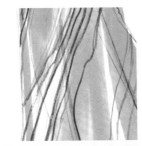

礼服裙的面料多有光感，因此
受光比较明显。

注意裙子下摆的波浪起伏造型
表现。

09   用玫红色、蓝绿色、群青色彩色铅笔绘制裙子下半身的纹理，
并用灰色马克笔绘制暗部。

用针管笔勾勒线条，注意灵活运用，区分粗细、曲直及软硬对比，并用电脑后期处理背景。

面辅料：
绣花片、水溶蕾丝、压褶雪纺、钉珠片

微信扫码即视

10 用针管笔勾勒线条，注意灵活运用，区分粗细、曲
直及软硬对比，并用电脑后期处理背景。

4.2 小礼服设计效果图表现步骤分解

小礼服是相对于大礼服而言的，以小裙装为基本款式，具有简洁、舒适、轻巧的特点。小礼服的长度应不同时期的服装潮流和本土习俗而变化，是适合在众多礼仪场合穿着的服装。

由于小礼服的舒适性和易于搭配性，它的实穿性非常强。小礼服在面料选择上应采用高档的衣料，比如真丝、绸缎、雪纺等飘逸的、精致的、易于塑性的高档面料，或者有弹力的针织面料，可以做贴身的剪裁设计，也可以做大胆的立体裁剪的设计，用来表达女性的曲线美和优雅、有活力的气质。

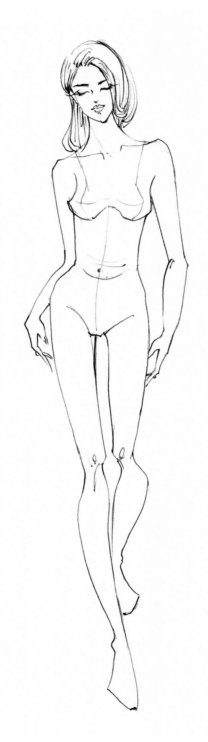

01 选择一个微微低头行走的妩媚优雅的动态作为此款创意小礼服的人体动态，用铅笔绘制人体线稿。

02 通过抑扬顿挫的铅笔线条来表达机器压褶工艺和手工堆出的自由褶的不同形态和风格。

03 用浅肤色宽头绘制人物肤色，注意受光部、暗部反光处要留白。

04 用深一号的肤色在明暗交界处描绘，以此来增加肤色的立体感和层次。

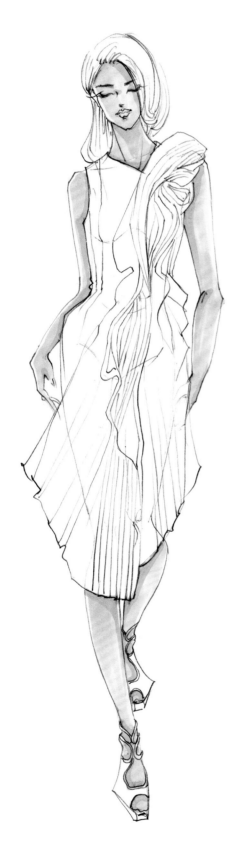

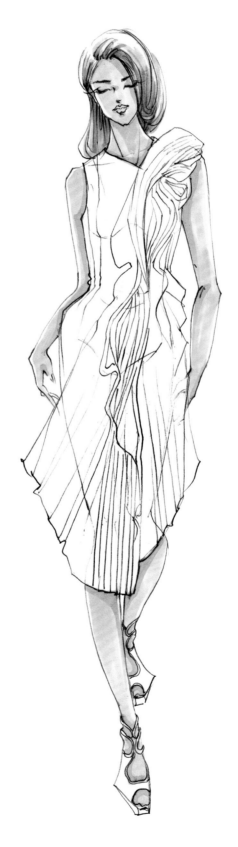

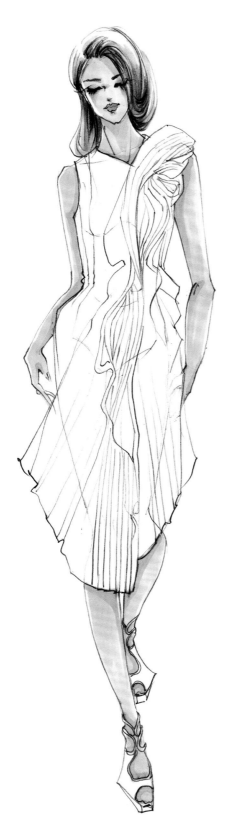

05　用深浅两色、卡其色绘制头发基础色，注意受光处和头发纹理走向处留白，用彩色铅笔描绘妆容。

06　用深褐色彩色铅笔在马克笔绘制的发色上描绘，以此增加头发的质感和蓬松感。

07 用鲑肉粉色和浅桃红色宽头马克笔绘制裙子的主要色调，注意留白的纹理走向。

08 用湖水蓝色马克笔画出对比色，并用浅灰色细笔头绘制褶皱纹理的阴影处。

描绘褶皱工艺的细节，增加其层次感。

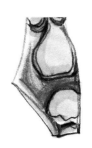

用淡蓝色马克笔从鞋的明暗交界线开始画。

用钴蓝色彩铅绘制转折处以增加质感。

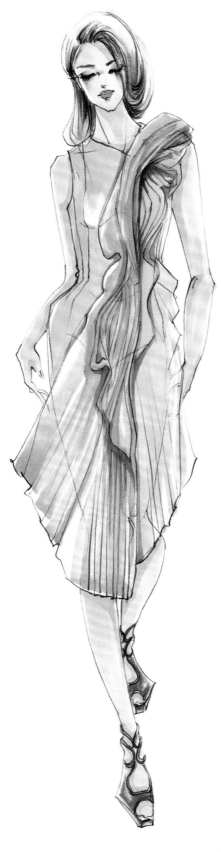

09　先用淡蓝色马克笔铺出鞋子的基础色，再用钴蓝色彩色铅笔勾画鞋子细节。

0.3号针管笔绘制材质稍硬的褶皱纹理。

通过不同粗细的针管笔勾线来区别不同的质感。

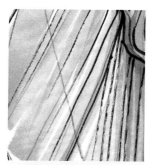

0.5号针管笔勾勒相对立体感较弱的部位。

10 用0.3号针管笔勾勒服装轮廓主线条，用0.05号针管笔勾画服装细节。

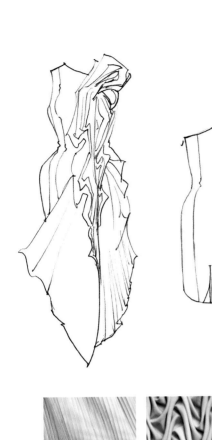

面辅料：褶皱雪纺、堆褶面料

微信扫码即视

11　用水粉色马克笔绘制裙子上的图案纹理，注意花型的分布和造型，并使用电脑加入背景。

4.3 休闲装效果图表现步骤分解

休闲装,源于英文"casual",此词在时装上覆盖的范围很广,包括日常穿着的便装、运动装或把正装稍作改进的"休闲风格的时装"。它是人们无拘无束的精神风貌的一种体现,也表达了一种自由乐观的生活态度。

休闲服装一般可以分为前卫休闲、运动休闲、浪漫休闲、古典休闲、民俗休闲和乡村休闲等,通俗地讲,凡有别于严谨、庄重服装的,都可称为休闲装。

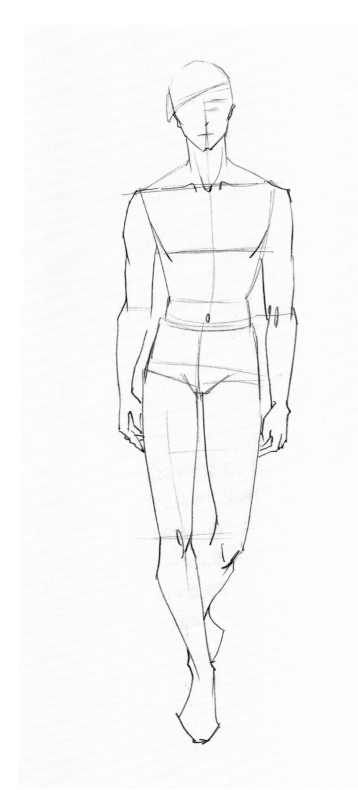

01 先用铅笔起稿画出人体动态,男装的绘制线条较女装硬朗果断一些。

02 绘制人物面部形象和服装大致款式,注意服装和人体之间的空间。

表现肤色的时候注意结合五
官的结构和明暗。

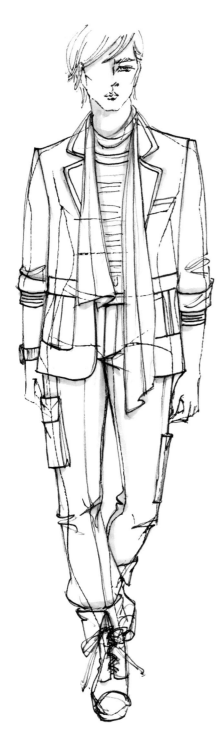

运用马克笔的宽头，通过运笔
快慢来表现阴影虚实、深浅。

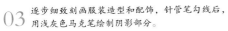

03 逐步细致刻画服装造型和配饰，针管笔勾线后，
用浅灰色马克笔绘制阴影部分。

04 用浅肤色马克笔宽笔头铺上皮肤色，用深肤色
马克笔简单勾勒阴影和转折部位。

绘制发色要注意发缝的走向，描绘的时候要成组，不能一根根表现。

05 绘制腮红、嘴唇、头发色，并用宽头大笔触绘制上身着装的固有色，面料图案最后画。

用不同明度的冷灰色宽笔触表现裤子质感和体积感。

06 用蓝灰色绘制下装，注意留出受光面和阴影部分。

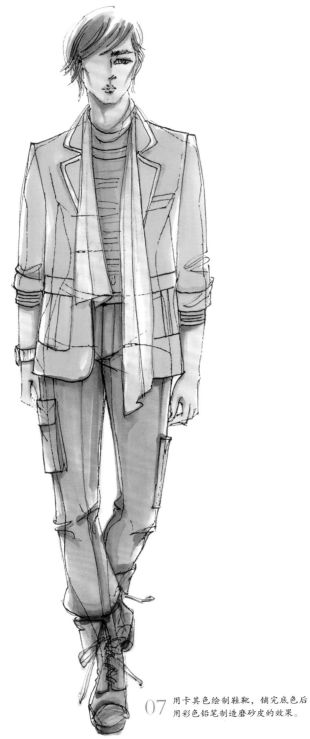

肩部受光最为明显，在
表现面料的时候注意条
纹和肩部结构的关系。

左口袋处的受光部分要
和肩部受光处保持一
致，注意光源的处理。

07 用卡其色绘制鞋靴，铺完底色后
用彩色铅笔制造磨砂皮的效果。

通过暗部和阴影，对膝盖转折处和布
纹褶皱进行处理。

棕色马丁靴的表现要借明暗
交界线表现，受光处留白。

08 用水蓝、肉粉色绘制外套上的条纹，留出受
光处，用中灰色绘制阴影。

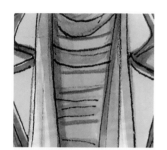

用土黄色宽头马克笔和湖蓝色
细纹绘制内搭条纹。

深浅两支卡其色马克笔描绘围
巾色彩，注意转折和起伏。

09 绘制内搭长袖T恤和围巾细
节，最后用针管笔再次调整。

添加背景。

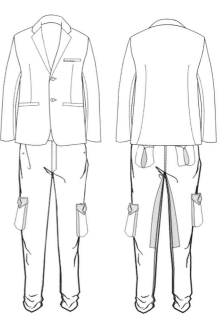

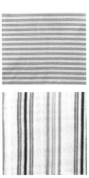

面辅料：
纯棉条纹衬衣面料、
棉麻西装面料

微信扫码即视

10 添加背景。

4.4   居家服设计效果图表现步骤分解

居家服，指在家中休息或操持家务、会客时穿着的一种服装。特点是面料舒适，款式繁多，行动方便。居家服是由睡衣演变而来的，现在的居家服早已摆脱了纯粹睡衣的概念，为适应人们快节奏的生活，居家服涵盖的范围较睡衣而言更加广泛。

从16世纪欧洲人穿上睡袍以来，睡衣随着时代变化也不停地改变着形象。到了20世纪，社会气氛变得宽松和活跃，卧室着装也向着新的款式发展，发生根本性的变化，当代的居家服设计或加入了运动元素，或加入了环保概念，或加入了时装概念，等等，表达出快乐和舒适的概念。

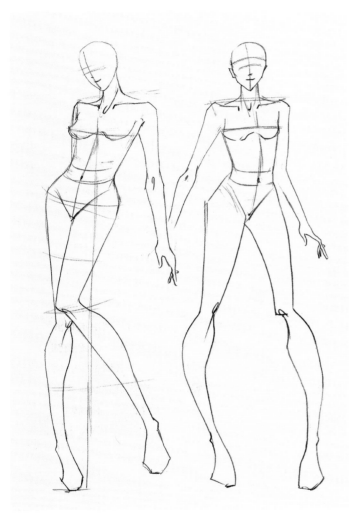

01 用铅笔起稿，先画出人体的基本动态，注意两个动态的关系和构图。

02 在人体绘制事先构思好的服装款式，可以遮盖的人体线稿轻轻擦掉。

加强衣服在身体上的投影、脖子扭转处的投影的描绘。

加强发际线投影，以及内眼角、鼻根处、鼻底部、下颌处的阴影。

03　逐步细致刻画服装造型和配饰，针管笔勾线后，用浅灰色马克笔绘制阴影部分。

04　用浅肤色马克笔铺上皮肤色，注意用宽笔头；用深肤色马克笔简单勾勒阴影和转折部位。

在马克笔铺底后，用蓝紫色色系彩色铅笔表现妆容色细节。

用不同深浅的棕色系马克笔将头发按一组组的规律绘制，注意体量感的表现和受光处的省略。

05 用马克笔绘制人物面部妆容底色，彩色铅笔对眼影、腮红、嘴唇、头发加以表现。

绘制服装固有色，注意两人组
合服饰色彩之间的和谐性。

上衣的淡蓝色和下装的群
青色属于类似色，上下身
之间的色彩具有延伸性和
统一性。

通过马克笔宽头的大笔触
快速绘制裙子的褶皱和起
伏，注意留白。

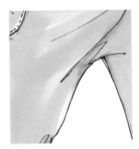

用冰蓝色宽笔头马克笔绘
制裤装，注意受光和动态
引起的布纹走向处理。

06 绘制服装固有色，注意两人组
合服饰色彩之间的和谐性。

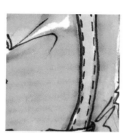

运用西瓜红马克笔绘制
上衣色彩，快速平涂。

裙子暗部阴影的处理要
依据从上至下，由深至
浅的方法。

腰封处用中灰色马克笔
描绘，注意体量感。

07 绘制服装色彩，注意两人的颜色相
互衬托。刻画布纹褶皱的阴影。

T恤上logo淡绿色与另一模特的鞋靴色彩相呼应。

鞋子上的玫红色和另一模特上身的服装色相呼应。

08　鞋靴色彩与服装上图案色彩的呼应是搭配的技巧，同时给画面增加趣味性。

绘制背心的黄色边饰色彩。

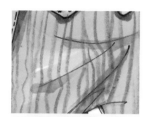

用蓝灰色马克笔细头绘制裤子条纹，注重纹理起伏。

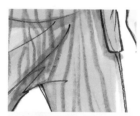

用紫灰色马克笔宽头绘制腰部色彩，并注意用黄色边与整体呼应。

09 深入刻画腰带、面料、袜子纹理等细节部位，作整体调整。

面辅料：
针织面料、涤棉
面料、斜纹

10 添加背景。

4.5　职业服设计效果图表现步骤分解

职业服，是指用于工作场合的团体化制式服装，具有鲜明的系统性、科学性、功能性、象征性、识别性、美学性等特点。职业服的市场极其庞大，适用范围非常广泛，不同的工作场合对职业服有各自的规定。职业服具备以下几个特点。

实用性：职业服在满足职业功能的前提下具有实用性、标识性、美观性、配套性，比如武警的服装。

标识性：能明显地表示穿用者的职业、职务和工种，使行业内部人员能迅速准确地互相辨识，以便于联系、监督和协作；对行业外部人员，能传达一种提供服务的信号，比如空姐的服装。

美观性：体现与职业性质协调一致的美学标准，使从业者产生职业的自豪感，便于服务对象对从业者产生信任感，比如酒店前台工作人员的服装设计。

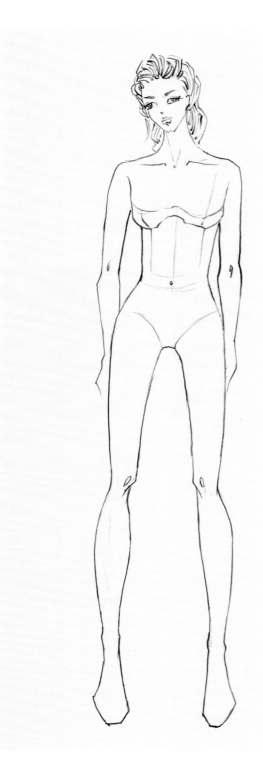

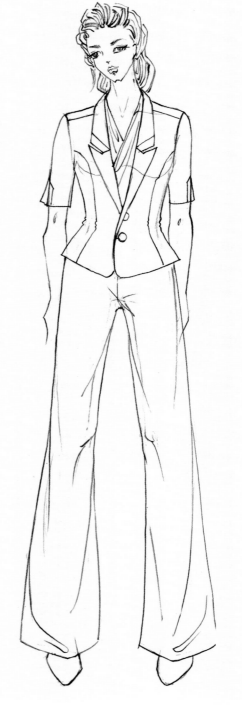

01　选择一个微微侧脸正面站立的动态作为职业服设计的人体动态，并用铅笔绘制人体线稿。

02　用铅笔绘制内搭印花交领衬衣、短西装上衣及直版长裤，构成简洁时尚款职业服造型。

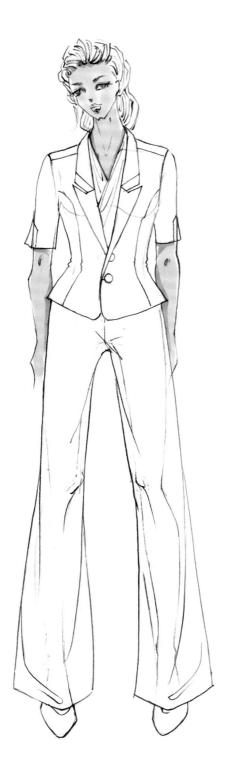

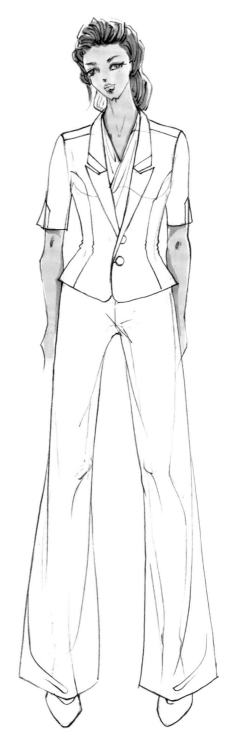

03 先用浅肤色宽头绘制人物肤色，注意受光部、暗部反光处要留白，再用深肤色描绘。

04 用深浅烟灰色绘制头发色，注意受光处和头发纹理走向处留白。

用浅卡其色马克笔宽头
绘制头发纹理，注意头
顶留白。

用藏蓝色彩铅绘制靠近
脸部的暗部头发，反光
处留白。

用彩色铅笔绘制眼部妆
容色，注意五官立体感
表现。

05 用马克笔绘制面部妆容色，并用棕色彩色铅笔绘制面部结构的暗部，用蓝灰色绘制头发纹理。

06 用淡蓝色马克笔宽头绘制上衣外套，注意留出服装领子、肩部的撞色位置及受光部。

07 用淡黄色马克笔绘制上衣撞色部分和灰色阴影，用彩色铅笔绘制内搭围巾的几何装饰纹样。

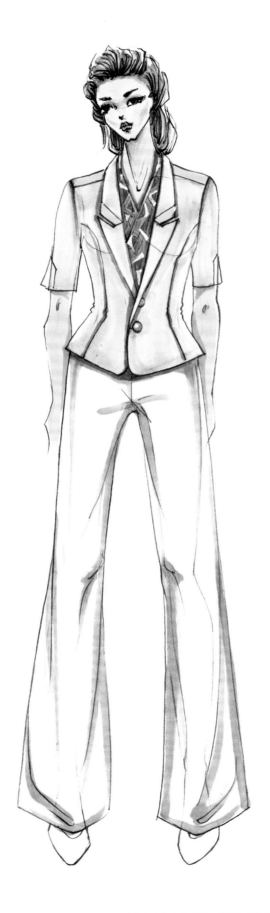

08 用灰蓝色马克笔侧峰绘制裤装上的暗纹，用白色高光笔勾勒线条及阴影部位。

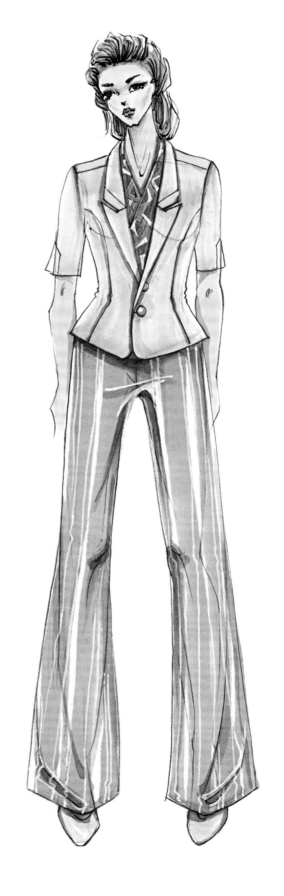

用0.3号针管笔勾勒服装的外轮廓，注意线条较为挺直。

由于肢体动态引起的布纹走向，用针管笔勾线后用高光笔增加立体感。

表现脚面上带有折纹的裤脚，需要注意条纹的走向。

09 用针管笔勾勒整体线条，注意根据材质和部位作不同处理，并调整和完善整体效果。

民族印花丝绸面料

斜纹涤棉衬衣面料

职业服面料

10 用电脑后期加入背景，增加效
果图的氛围和装饰效果。

4.6   主持人服装设计效果图表现步骤分解

电视主持人作为电视台面向观众的代表，是非常重要的社会角色。主持人的形象定位，要与节目定位相吻合，不同节目对主持人的要求也是不同的。主持人向观众传播，包括语言传播和非语言传播两个方面。

前者靠的是语言，而后者则包含举止、神态和服饰等。主持人服装设计和舞台服装设计有相似之处，但前者更加生活化，不能太夸张，应根据节目主持的内容和主持人个人风格来确定服装的设计风格。比如：大型晚会

类的女主持人以礼服为主；娱乐类的主持人以时尚夸张的造型为主；谈话类的节目以套装为主。

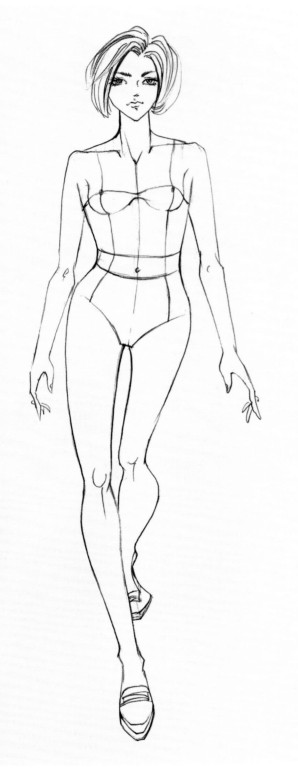

01 选择一个五官深刻、阳光自信的正面行走的动态，作为主持人服装的人物形象，并用铅笔绘制人体线稿。

02 用铅笔描绘一款中式交衽的创意小礼服，外搭短款宽松小外套，展现内敛优雅的气质。

根据头发走向，绘制时
要一缕缕来画，切忌一
根根表现。

注意头发蓬松感的表现，
边缘和反光处要留白。

03　先用浅肤色宽头绘制人物裸露出的所有肤色，注意
受光部、暗部反光处留白。再用深肤色描绘。

04　用深浅两色不用明度的灰色绘制头发基础色，注意受光
处和头发纹理走向处留白。并用彩色铅笔描绘妆容。

用蓝紫色彩铅绘制眼影色。

用淡绿色彩铅绘制眼球色。

用玫粉色彩铅绘制腮红色。

05　用蓝紫色彩色铅笔描绘眼影色，用玫粉色绘制腮红色及浅蓝色的眼球色，并用亮色增加头发纹理。

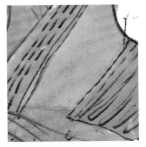

用类似色绘制裙子中的不同
肌理和工艺。

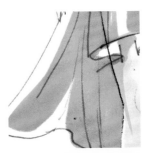

用橘色马克笔宽头绘制裙
摆，留出立体受光处。

06 用荧光红和橘黄色马克笔宽头铺出裙子大体
色调，注意笔触的走向和受光处的处理。

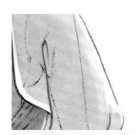

绘制外套时，注意先浅色
后深色。

鞋的表现要简洁流畅，不
要反复涂抹。

07　用橘粉色和鲑肉粉色绘制短外搭的基础色，并处
理黄色鞋子的色调，注意先浅色后深色的原则。

用高光笔描画受光处，增加光感。

用灰色马克笔绘制褶皱暗部。

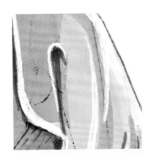

外套边缘作留白处理，以此增加质感。

08 用粉灰色马克笔和白色高光笔刻画外套细节，注意受光处和阴影、褶皱处的处理。

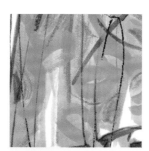

绘制花纹时，先用马克笔，
再用彩铅。

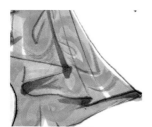

裙摆起伏，需要增加阴影处
的刻画。

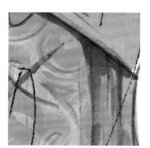

描绘上下身连接处的褶皱和
阴影。

09 用彩色铅笔和荧光红马克笔描绘裙子花型，注意
与裙子底色的对比和协调关系，并绘制阴影。

花卉印花厚雪纺面料

羊毛真丝面料

10 用针管笔勾勒整体线条，注意根据材质和部位作不同
处理，并通过电脑添加位图背景，烘托整体效果。

4.7 童装设计效果图表现步骤分解

童装是指未成年人的服装，它包括从婴儿、幼儿、学龄儿童以及少年儿童等各阶段年龄儿童的着装。按照年龄段分，童装包括婴儿服装、幼儿服装、小童服装、中童服装、大童服装等，还包括中小学的校园服装；按照衣服的类型，分为连体服、外套、裤子、卫衣、套装、T恤衫等。

童装的面料要求比成人服装高，最重要的是安全性。童装面料和款式要求比成人更严格：面料和辅料强调天然、环保，针对儿童皮肤和身体特点，多采用纯棉、天然彩棉、涤棉等面料；款式上则追求时尚，大人衣服上的设计细节和搭配方式很多都可以运用到童装设计上，比如刺绣、哈伦裤、蝙蝠袖、大廓形等流行元素在童装设计上都得到充分的体现和运用。

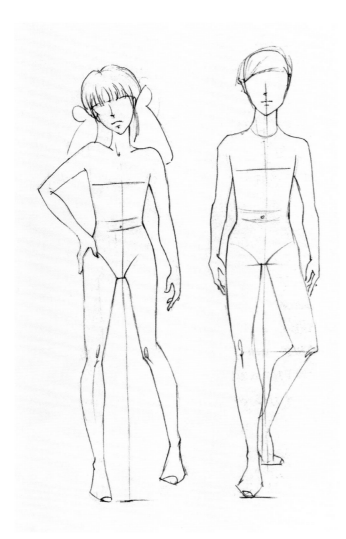

01 先用铅笔起稿画出人体。

02 逐步完善人物面部形象和服装大致款式。

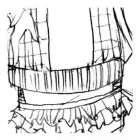

尽量细致地表现出服装的
层次和结构。

通过铅笔线条刻画服装单
款和配饰的关系及层次。

03　进一步细致刻画服装造型和
配饰，此时铅笔线条加重。

注意齐刘海在额头上的阴影
和五官明暗细节的处理。

注意帽檐在额头上的阴影和
鼻底、唇部的明暗关系。

04　用浅肤色马克笔铺上皮肤色，注意用宽笔头。
　　用深肤色马克笔简单勾勒阴影和转折部位。

绘制人物面部五官和头发，注意神态的表现。

用深浅不同的两支冷灰色马克笔宽头绘制头发色，注意留白。

绿色马克笔绘制眼球色，玫粉色绘制纯色。

蓝绿色马克笔绘制眼球色，粉红色彩铅绘制腮红色。

05　绘制人物面部五官和头发，注意神态的表现。

柠檬黄色马克笔宽头绘制
女童上装主色调。

中黄、草绿、土黄色系马
克笔绘制针织衫几何纹
样。

用女童上装色系绘制女童
裤装大体色。

06 用黄绿色系马克笔铺出女童上衣和
男童裤装的固有色，注意留白。

用土黄色宽头马克笔绘制毛衣下摆的阴影和裙子荷叶边的阴影。

用土黄色、棕色绘制男童上衣的基本色。

用浅蓝色马克笔绘制衬衣颜色，注意服装之间的层次。

07 用卡其色系马克笔绘制女童下装与男童上装，注意色彩呼应。

用浅棕色马克笔和粉红色
彩铅绘制帽子，注意受光
处留白。

用紫灰色马克笔绘制腰包
基础色。

用湖蓝色、玫粉色、中灰色
马克笔绘制鞋子基础色。

用粉红色、群青色、蓝灰色
马克笔绘制袜子和靴子。

08 绘制服饰配件造型，深入处
理阴影和暗部效果。

用群青色彩铅表现帽子材质
和肌理感。

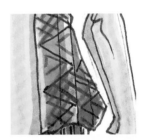

用墨绿、深蓝、玫红彩铅刻
画女童针织衫的纹样。

用墨绿和大红彩铅绘制男童
夹克衫的格纹部分。

09 调整两者之间的色彩，处理细节，用彩色铅
笔增加面料的质感，作最后的调整和完善。

米色薄针织面料　格纹涤棉衬衣面料

面辅料：
斜纹黄色牛仔布
军绿色针织

第5章 马克笔时装画风格与赏析

学习目的

本阶段是学习、
欣赏、提高、巩固
的过程。

学习提示

通过欣赏国内外
不同风格的优秀时装画
作品，达到开阔视野、提高
审美情趣的目的，更好地
理解和把握时装画快速
表现的各种形式。

马克笔时装画的表现风格是多元化、多重性的。从艺术的角度来说，它强调绘画功底、艺术效果，类似于服装设计稿和时装插图的表达方式。下面分别从六个方面逐一分析。

5.1 马克笔时装风格

5.1.1 写实风格

写实艺术手法是表现设计效果图的方式，表达设计师的设计意图和构思，能够准确表达出服装、饰品和妆容造型的整体效果，为选购服装及指导化妆、发型设计提供十分具体的要求，为设计主体提供准确的形象设计指导，使客户能对预期设计有一个整体的印象，是形象设计合作的重要开端。

写实画法要求设计师有比较深厚的素描功底，在人物形象塑造和形体表现上尽可能运用素描技法和素描关系予以描绘，色彩在其中起着上色和烘托的作用，可以运用马克笔、水彩、彩色铅笔以及电脑辅助设计进行写实风格的创作。

素描结合电脑辅助设计的写实风格见图5-1-1。

水彩技法的写实风格见图5-1-2、图5-1-3。

马克笔技法的写实风格（图5-1-4、图5-1-5）。

图5-1-1

图5-1-3

图5-1-2

图5-1-4

图5-1-5

5.1.2 写意风格

写意艺术手法是中国画的一种画法，即用简练的笔触描绘景物。中国传统的写意画融诗、书画、印于一体，注重情调和韵味的表达。写意画注重用墨，一反勾染的表现手法，以泼墨法写之。写意画强调作者的个性发挥，作画不拘常规。借用到形象设计艺术表现形式中，写意风格，强调线条的概括性，插画的故事性和装饰的趣味性。

写意风格运用国画的晕染及水彩肌理的表现方式，抽象地表现人物形象，突出背景的画法（图5-1-6）。

图5-1-6

用彩色铅笔的蓬松的线条、马克笔流畅的线条和勾线笔顿挫的线条来营造写意的风格（图5-1-7）。

图5-1-7

用彩色铅笔与马克笔笔触之间的对比和
调和来营造意境美（图5-1-8）。

图5-1-8

运用马克笔的大笔触类似于平涂的手法
来营造写意风格（图5-1-9）。

图5-1-9

用马克笔利落的笔触和电脑绘制的写意
背景进行对比和协调（图5-1-10）。

图5-1-10

5.1.3 虚实结合风格

用线条的虚实来对时装设计效果进行处理，使画面呈现出虚实相生的视觉效果和意境，这和写意风格的营造相似，但虚实结合的表现方式在视觉上更有冲击力，在技法上更讲究对比和统一，是马克笔表现形式中具有代表性的一种。

下图中，用单色马克笔将服饰造型一气呵成，忽略人物面部形象，突出服饰整体的风格，忽略人体和面部造型的表现形式（图5-1-11、图5-1-12）。

图5-1-11

图5-1-12

　　下图用有彩色和无彩色的对比处理，使
画面呈现虚实结合的效果（图5-1-13）。

图5-1-13

下图对两个人物作不同风格、不同技法的处理，以虚
实相生的技法来表现时装（图5-1-14、图5-1-15）。

图5-1-14

图5-1-15

5.1.4 概括风格

概括风格就是用马克笔作速写式的人物形象勾勒表现,一气呵成,突出服饰整体的风格,对人体和面部造型作取舍处理,整个效果图以线条为表现形式,以点带面。这种处理方式符合现代艺术审美的多元化的趋势。

下图为全国时装画大赛优秀奖作品《自愈》(图5-1-16)。

图5-1-16

　　下图为全国创意服装设计大赛获奖作品
《洗尽芳华》（图5-1-17）。

图5-1-17

下图为大师手绘作品（图5-1-18）。

图5-1-18

图5-1-18

马克笔时装画作品（图5-1-19）。

图5-1-19

5.1.5　时装插画风格

风格表现于形式，风格体现了艺术、文化、社会的发展。时装插画风格受到时装画的影响，但随着现代社会的发展，又融入了当今社会的流行元素，创造出具有商业功能的表现形式。

下图用马克笔绘制，结合水彩底纹，同时运用电脑辅助设计的手法来表现时装插画的风格（图5-1-20）。

图5-1-20

马克笔绘制完时装画后，后期在CorelDRAW软
件中进行图文版式设计，如下（图5-1-21）。

COMPLETE
DRAWING
GUIDE

图5-1-21

　　勾线为主的马克笔服装画，在CorelDRAW软件
中进行图文排版后期设计，如下（图5-1-22）。

图5-1-22

　　马克笔勾线为主的时装画，在CorelDRAW软件中进行图文排版后期设计，如下（图5-1-23）。

COMPLETE
DRAWING
GUIDE

图5-1-23

大写意式的画法，用马克笔的大笔触快速表现，
再结合电脑后期处理，如下（图5-1-24）。

图5-1-24

5.1.6 装饰画风格

水粉、水彩、马克笔、彩色铅笔、电脑都可以绘制出类似装饰画风格的时装画，马克笔装饰画风格的表现，在人物造型上要大胆创新，在服饰造型上运用夸张色彩和纹样设计，并添加烘托主题的背景，进行多元素组合。

下图具有童话故事情节的画面效果，通过马克笔的各种技法来表现装饰趣味性（图5-1-25）。

图5-1-25

　　下图是以水彩技法为主，马克笔为辅的
装饰画风格时装画（图5-1-26）。

图5-1-26

下图是不同人物形象的组合，同时增加
了装饰趣味的表达（图5-1-27）。

图5-1-27

　　马克笔绘制服装造型后，运用Photoshop软件进行背景处理营造的装饰风格，如下（图5-1-28）。

图5-1-28

下图利用电脑设计绘制出马克笔清新自然的笔触，结合春夏流行色彩，让服装人物造型具有青春洋溢的少女风格（图5-1-29）。

图5-1-29

下图以夸张的色彩和电脑后期色块和文字的处理，增加画面
的装饰性（图5-1-30）。

图5-1-30

　　水彩和马克笔结合是常用的手法，利用水彩和水性马克笔的相容性，可以营造出意想不到的效果，如下图（图5-1-31）。

图5-1-31

5.2　马克笔参赛设计稿

1. 切面（作者：尚月莹）

此作品设计围绕主题《切面》展开，从建筑、空间、时光等不同角度来阐释"切面"在服装中的延伸和体现，运用马克笔帅气的笔触和简洁大气的线条来表现主题，结合电脑后期对图文进行排版，视觉美观，冲击感强，和主题切合，是"新人奖"的获奖作品（图5-2-1～图5-2-8）。

图5-2-1

图5-2-2

来自地下的岩石和半宝石为这组面料带来灵感。颗粒状的、混色的、和夸张的椒盐效果结合亚光的表面，与皮革和科技感面料玻璃水晶般亮泽表面形成强烈反差。深色调来自地下的石油或焦油色表面涂层。

矿石mineral
之切面 主题下面料特征

图5-2-3

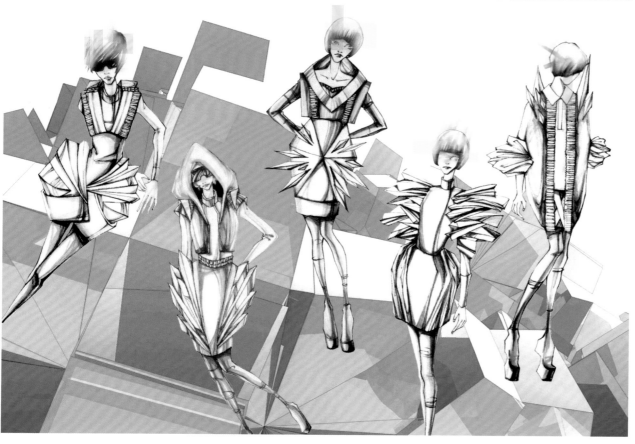

图5-2-4

精准几何 之切面

主题下工艺特征说明

几种不同质感面料混合

大面积折叠

重复的立体压褶

这是一个泾渭分明的时代，犹如几何形体的切面一样，从整体到局部工艺都体现着工业感的简洁和精确。

图5-2-5

重新定义外轮廓，夸张的雕塑造型和建筑感的细节早就属于未来的女孩. 干净的几何形状是由高度技术性的形式和结构体现出现代化和未来的剪影.

主题下款式特征

雕塑 之切面

重塑轮廓
silhouettes redefined

图5-2-6

空间之切面

主题下配饰提案

摒弃以往老套的造型，以特殊质感的材料，探索新轮廓，哪怕是小小的配饰也能雕塑出体积和夸张的比例，塑造出空间的切面，迎接新的时代的到来。

图5-2-7

时光之切面

主题下彩妆造型特征

闪烁的金属色显然是这一主题的最佳诠释者。金铜色、孔雀绿、宇宙蓝，还有闪烁的银色作为点缀，仿佛纵横交错的经纬线在宇宙中自由发散，划过银河，形成时光的切面。

图5-2-8

2. 乐此不疲（作者：周寒静）

此作品围绕快乐、活力、童趣又不失时尚的着装风格展开设计，在表现技法上能够熟练地运用水彩技法绘制人物形象和部分服装色，然后再结合水性马克笔绘制细节，整个系列人物造型生动时尚，服装造型不失创意，图案运用带有趣味性，电脑后期辅助设计完成整体设计方案，是手绘和电脑结合得较好的案例（图5-2-9～图5-2-25）。

图5-2-9

图5-2-10

2015/16 FALL&WINTER

色彩趋势

·温馨童趣

·柔和彩色系

·色彩方面主要选择柔和彩色色系，体现出童趣与温馨，在童年中找到一些最纯真的色彩，有些部分会与黑白灰一起表现。

图5-2-11

2015/16 FALL&WINTER

款式趋势·大廓型

·圆形

·运用大廓型和圆的形状来塑造出童趣的感觉，衣服为"boyfriend"风格，这种大大垮垮的感觉就好像小孩偷穿大人衣服那种趣味。

图5-2-12

· 配饰方面，鞋主要以运动款的高跟鞋为主，童趣的同时不失女人味，包包选取手拿包与双肩包，包包上面加以精致的细节；还可搭配复古的墨镜，完美地呈现出系列感。

图5-2-13

图5-2-14

图5-2-15

图5-2-16

图5-2-17

图5-2-18

图5-2-19

图5-2-20

图5-2-21

图5-2-22

图5-2-23

图5-2-24

图5-2-25

3. 真言（作者：胡婷）

作者能够熟练地运用马克笔快速、流畅、一气呵成的优势，快速地勾画泳衣的造型和细节，人物造型简化，但在表现人物动态上加大力度，使得泳装的整体设计具有简约时尚、活力悦动的感受（图5-2-26）。

设计思想：

自然的呼唤，仿佛一阵春风吹过麦田。性感就像真言一样纯粹，不需要过多的色彩修饰，裸色就是最性感的颜色；面料的堆叠翻转，小麦似的针织纹理，呈现出最自然的形态，仿佛原始的声音在历史长河中回荡，以最纯粹的性感的姿态诉说着这125年的历程。

图5-2-26

4. 真我年代（作者：舒圆玲）

绘制运动服装设计效果图时，马克笔的透明感、笔触感能够更好地表现运动服饰的色彩拼接和局部细节，效果图和款式图手绘后结合电脑增加背景和说明文字，这是参赛设计稿中最常见的方法（图5-2-27、图5-2-28）。

图5-2-27

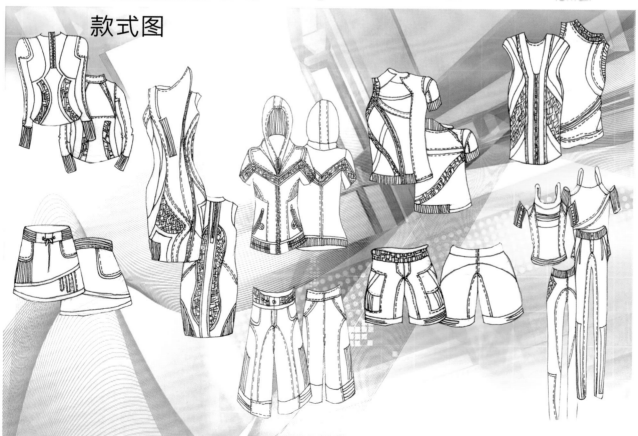

图5-2-28

5. 急速60秒（作者：袁梦雅）

效果图和款式图手绘后再利用电脑Photoshop软件处理背景和说明文字，既能很好地表现出设计师良好的手绘功底，又能快捷方便地在电脑中尝试烘托主题的背景和排版，不少参赛作品都会采用这一流程来进行设计表现（图5-2-29～图5-2-31）。

款式图

面料小样

图5-2-29

主题: 急速60秒

设计灵感: 此系列服装设计灵感来源于急速奔驰的赛车，赛车手勇于冒险无所畏惧的帅气与洒脱，他们在急速的穿梭中享受着那一道穿梭的光影，这一道道的光影似乎象征着我们生活中的分分秒秒，点点滴滴，面对生活中的我们，笑着面对，勇往直前。

设计说明: 本系列服装运用流线感的设计进行分割和拼接，其中细节运用到拉襟的工艺手法，运用不同面料的搭配，凸显赛车运动的洒脱与帅气。其中运用赛车标牌做装饰，既有一定的功能性，又起到了装饰作用。

图5-2-30

效果图

图5-2-31

6. 民谣新唱（作者：周寒静）

设计师有扎实的手绘功底和电脑应用能力，在设计作品中得到充分的展示。该作品围绕民族休闲风设计，在图案上采取土家族特有的西兰卡普纹样进行数码印花，再结合涤棉、锦纶以及当下流行的H型、O型等款式进行设计，画面流露出设计师的激情和时尚感悟（图5-2-32）。

图5-2-32

7. 享自游（作者：王剑秋）

该设计是泳装大赛银奖作品，马克笔手绘和电脑软件结合是作品最大的特色。设计师具有较强的图案设计能力和服装风格的驾驭能力，在效果图表现时凸显了其对设计整体的把握（图5-2-33~图5-2-38）。

图5-2-33

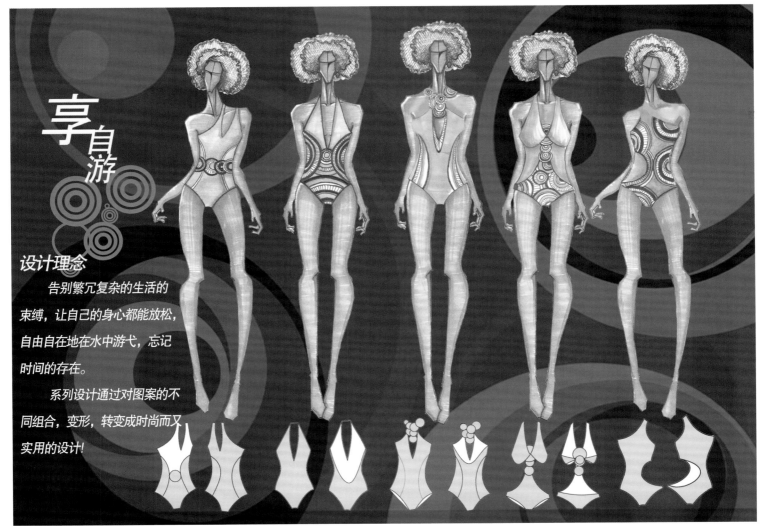

享自游

设计理念

告别繁冗复杂的生活的束缚，让自己的身心都能放松，自由自在地在水中游弋，忘记时间的存在。

系列设计通过对图案的不同组合，变形，转变成时尚而又实用的设计！

图5-2-34

图5-2-35

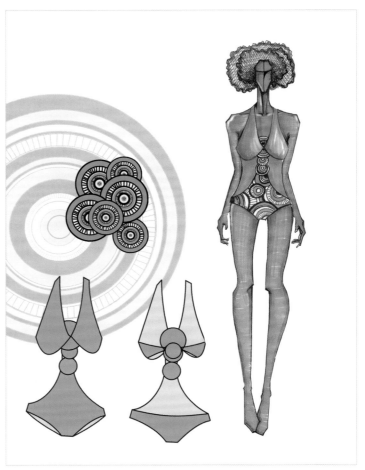

图5-2-36

图5-2-37

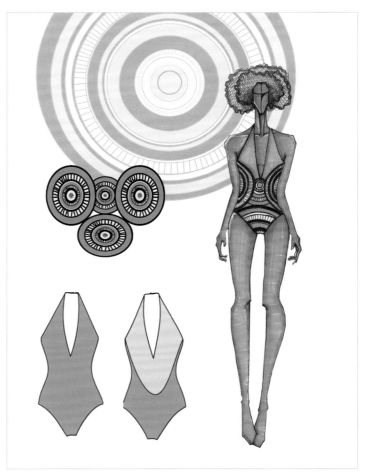

图5-2-38

8. 海之镜像（作者：胡婷）

优美的人物动态、梦幻的面料设计，再结合马克笔局部处理，最终运用电脑进行数码后期设计，充分体现出设计师对服装设计流程的把握。作品游刃有余地阐释"海之镜像"这一主题，得到"最具市场价值奖"和"最具潜力设计师"的荣誉和肯定（图5-2-39、图5-2-40）。

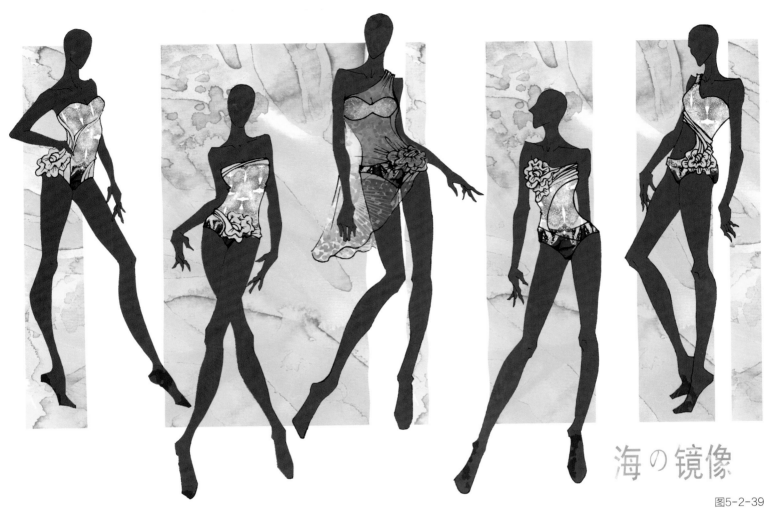

海の镜像

图5-2-39

款式1

款式2

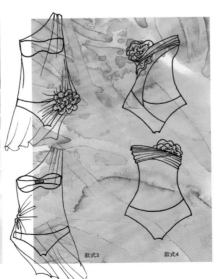
款式3　　款式4

款式5

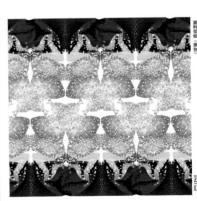

阳光穿透海面，随着海水的波动，折射出曼妙的海底世界。
此款泳装面料图案的设计灵感来自于海底生物身体表面的独特肌理，这些肌理通过光和海水的折射与反射，展现出绚丽的斑斓色彩。
细节工艺上，局部运用了抽褶压褶等方法，表现出浪花的艺术效果。

海の镜像

图5-2-40

9. 不亦乐乎（作者：周寒静）

民俗遭遇时尚，传统遭遇摩登，手绘与电脑碰撞，就是个性化表达的最佳途径。作品中蕴含着设计师对传统元素创新运用的思考，体现设计师对时尚元素的灵活运用，展示了设计师较为全面的设计功底和综合表现力（图5-2-41～图5-2-43）。

第22届中国真维斯休闲装设计大赛参赛作品

2013 JEANSWEST DESIGN COMPETITION
"不亦乐乎"

① ② ③ ④ ⑤

图5-2-41

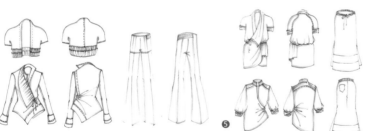

① ② ③

④ ⑤

主题说明：
■ 将民歌糅杂在流行乐中呈现出的民歌新唱，传统、民俗、乡村伴随着蓝调、布鲁斯……
■ 此系列服装将传统民间织锦元素通过数字化设计融入都市休闲装风潮，营造出自由不羁的民族摇滚风。
■ 音乐与服装的交融在风格泛化上达到共生的美学特征，风格泛化正好暗合了"有朋自远方来，不亦乐乎?"的共生境界和精神内涵。

图5-2-42

PEACEFUL

江南的风景，总是和水和桥分不开的，水能载舟，桥能度人
水与桥，给展示的就是一种完美的静谧
我们聚水的柔美，聚桥的平凡，在岁月的沉积里
沉淀着从容，带走浮躁 沉淀着简单，带走复杂 沉淀着善良，带走丑陋
让我们的棱角在岁月的河床里不断被冲刷，变得温润而柔软

图5-2-43

10. 缺憾（作者：盛晶晶）

面料图案以中国剪纸为元素，与英文字母设计重组，形成新的视觉语言，通过激光雕刻和数码印花设计，在宽松、简洁的轮廓下，阐释"旧元素、新组合"的设计构思；在效果图表现上，通过手绘人体及款式图线稿，用马克笔勾画结构线，再进行电脑数码后期处理合成（图5-2-44～图5-2-49）。

缺·憾

Only few people know that life is beautiful for lacking something. The so-called turning-around is that you not only miss the sun in day time but also the stars at night.

图5-2-44

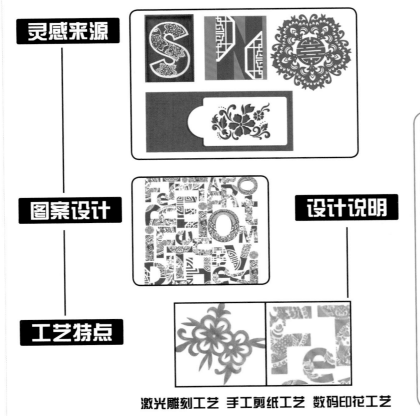

灵感来源

图案设计

工艺特点

设计说明

激光雕刻工艺 手工剪纸工艺 数码印花工艺

创意设计说明

缺·憾

设计说明：苏轼有云："月有阴晴圆缺，人有悲欢离合，此事古难全。"人之一生如浮游于天地，懂得欣赏缺失美，才可因缺憾而对美好事物心生向往。剪纸是中国传统手工艺，寓意对美好生活的向往，这与缺憾美不谋而合，而剪纸是从圆剪缺，这与缺憾美的特征一致。所以此次主题以剪纸为主要元素，采用镭射雕刻工艺与传统剪纸工艺相结合，并辅以数码印花工艺来展现剪纸的艺术特征。本次设计大量使用太空棉面料、网眼面料，并与新科技面料TPU结合运用，复合材料也有用到。此次设计的一大亮点在于将传统手工艺技法与现代高科技融合，重塑剪纸艺术，为工艺可持续发展带来可能性。

图5-2-45

图5-2-46

图5-2-47

图5-2-48

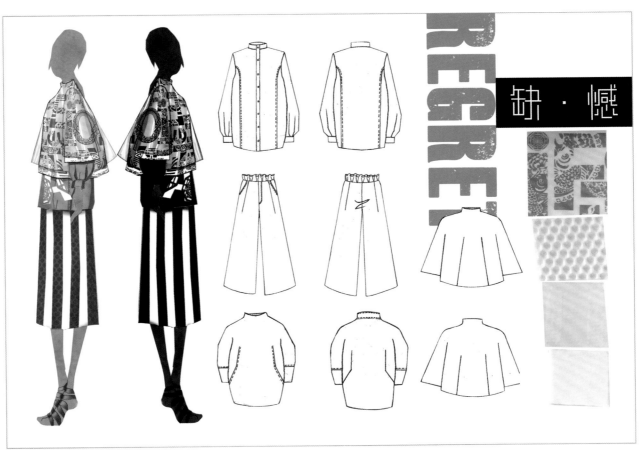

图5-2-49

11. 去飞呀（作者：梁文倩）

作品以风筝为灵感，表达对童年梦想的追忆和畅想，版式设计自由，图文构图均衡，色彩运用巧妙，通过手绘和电脑相结合的方式表现童装生动活泼的特点（图5-2-50、图5-2-51）。

主题：去飞呀 Flying

设计说明：几处早莺争暖树，谁家新燕啄春泥。秋去春回，世间万物在春色沐浴下尽显勃勃生机，春色喜人。本系列服装运用了圆润的造型，柔软舒适的面料，来满足孩子活泼好动的天真童趣，并以象征吉祥的燕子图案为灵感，让孩子乘着自由，载着梦想，去飞呀。

图5-2-50

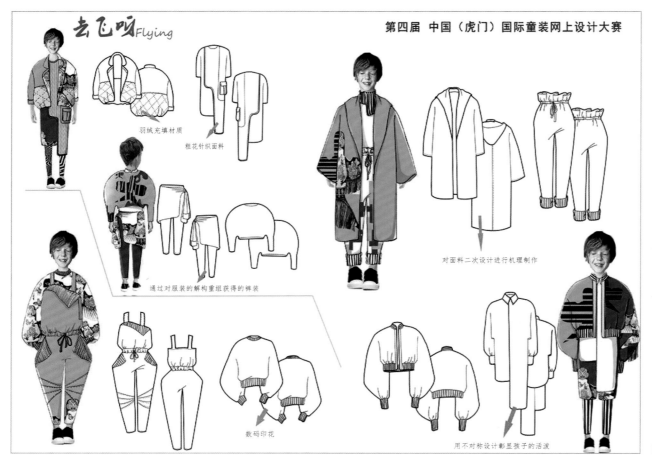

图5-2-51

12. 游心（作者：欧罗曼）

用生动的铅笔线条和灰色系马克笔笔触表达毛纺织面料的亲和力和悬垂感，最为便利合适；再用电脑辅助手段进行细节肌理描绘和图文排版设计，增强画面整体感染力（图5-2-52、图5-2-53）。

图5-2-52

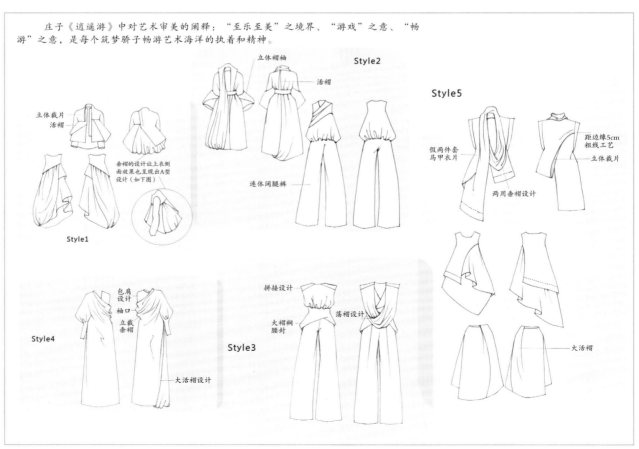

图5-2-53

13. 重塑（作者：欧罗曼）

该系列通过各种质感灰色和弱对比的蓝绿色、焦茶色、灰紫色形成对应而又和谐的配色关系，配合直线型裁剪，通过利落的线条和后期电脑处理形成丰富的视觉效果，特立独行中不失优雅的风格（图5-2-54～图5-2-59）。

图5-2-54

图5-2-55

图5-2-56

图5-2-57

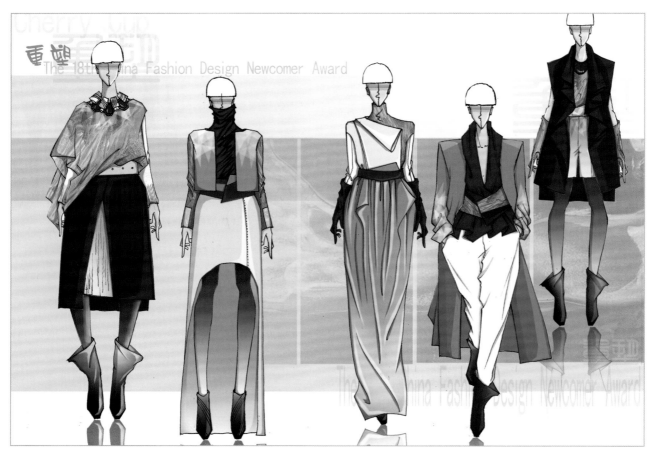

图5-2-58

秋冬女装成衣流行趋势提案

款式图/面料小样

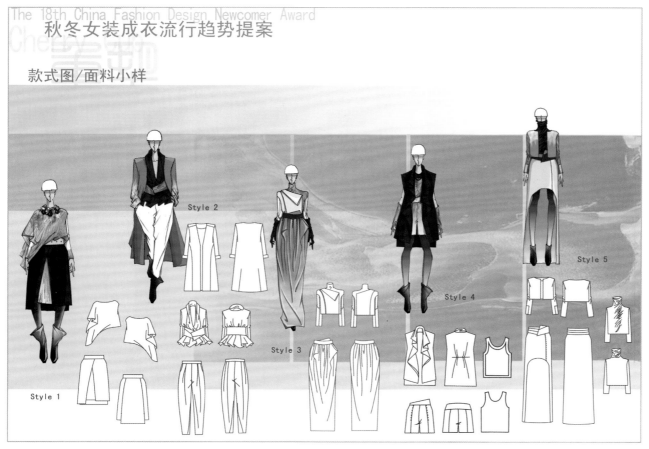

Style 1

Style 2

Style 3

Style 4

Style 5

图5-2-59

2007年6月我的第一本书《时装设计快速表现》出版后，得到广大朋友的支持，至今已再版7次；2009年出版了《麦克笔时装画快速表现》，2013年出版了《完全绘本·时装设计创意快速表达》，2015年3月出版的《形象设计与表达：色彩、服饰、妆容》是全国首批"十二五"规划教材。这些年来虽教学繁忙，但我仍笔耕不辍，这都源于广大学子和读者对我的厚爱，在此，我深表感谢！

在一次次的修订和创作中，我感受到，一个优秀的服装设计师必须要有快速表现的能力，这是一种素质，也是一种设计能力的体现。

服装设计的表现从传统的水彩技法发展到现在用马克笔来表达，这一形式越来越受到大家的喜爱，说明时代的进步、多元化快节奏生活对设计师的要求越来越高。多年的学习和实践，使我认识到仅仅依靠传统的专业知识和教学模式来表达设计思想是非常片面的，需要运用新颖的表现方式来阐述设计思想，这就是笔者写作此书的初衷。

当确定了本书的纲目框架之后，我便投入了大量的精力，其间，创作思路也曾被一些细碎的杂事打乱，写作是件神圣的事情，我不敢草率和敷衍。知难，行更难，对每一个章节内容我都反复斟酌和思考，试图突破和创新，认知、读解、领悟、发展都经过了大量的学习和研究。这只是我个人学习和研究的一段路程，不成熟的观点和文字有待同行和知音不吝赐教和回应。

编 者

书籍策划：张　浩
责任编辑：张　浩　梁静仪
书籍设计：邱　实　张　浩
技术编辑：李国新

图书在版编目（CIP）数据

马克笔时装设计手绘表达详解 / 钟蔚著 .
— 武汉 ：湖北美术出版社，2020.7
（完全绘本）
ISBN 978-7-5394-7079-5

Ⅰ . ①马…
Ⅱ . ①钟…
Ⅲ . ①时装－绘画技法－高等学校－教材
Ⅳ . ① TS941.28
中国版本图书馆 CIP 数据核字（2014）第 172211 号

出版发行：长江出版传媒　湖北美术出版社
地　　址：武汉市雄楚大街 268 号 B 座
电　　话：(027)87679520　87679522 87679534
传　　真：(027)87679523
邮政编码：430070
印　　刷：武汉精一佳印刷股份有限公司
开　　本：636mm×965mm　　　1/8
印　　张：22
版　　次：2020 年 7 月第 1 版　2020 年 7 月第 1 次印刷
定　　价：86.00 元